"十三五"高等院校数字艺术精品课程规划教材

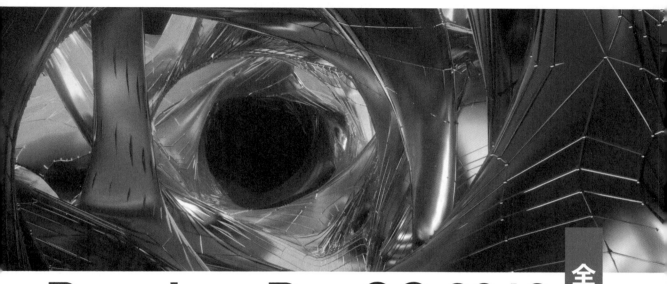

Premiere Pro CC 2019
核心应用案例教程

全彩慕课版

邢悦 李婧瑶 主编 / 严飞 彭帆 冉秋 副主编

U0265029

人民邮电出版社

北 京

图书在版编目（CIP）数据

Premiere Pro CC 2019核心应用案例教程：全彩慕课版 / 邢悦，李婧瑶主编. -- 北京：人民邮电出版社，2021.4
"十三五"高等院校数字艺术精品课程规划教材
ISBN 978-7-115-54953-2

Ⅰ．①P… Ⅱ．①邢… ②李… Ⅲ．①视频编辑软件－高等学校－教材 Ⅳ．①TN94

中国版本图书馆CIP数据核字(2020)第185161号

内 容 提 要

本书全面系统地介绍了 Premiere Pro CC 2019 的基本操作方法及影视编辑技巧，内容包括初识 Premiere Pro、Premiere Pro 基础、字幕、音频、剪辑、转场、特效、调色与抠像、商业案例等。

全书内容均以课堂案例为主线，每个课堂案例都有详细的操作步骤，学生通过实际操作可以快速熟悉软件功能并领会设计思路。主要章节的最后安排了课堂练习和课后习题，可以拓展学生对软件的实际应用能力。最后一章的商业案例可以帮助学生快速地掌握商业图形图像的设计理念和设计元素，顺利达到实战水平。

本书可作为高等院校及高职高专院校数字媒体艺术类专业相关课程的教材，也可供初学者自学使用。

◆ 主　编　邢　悦　李婧瑶
　　副主编　严　飞　彭　帆　冉　秋
　　责任编辑　刘　佳
　　责任印制　王　郁　彭志环

◆ 人民邮电出版社出版发行　　北京市丰台区成寿寺路 11 号
　　邮编　100164　　电子邮件　315@ptpress.com.cn
　　网址　https://www.ptpress.com.cn
　　北京捷迅佳彩印刷有限公司印刷

◆ 开本：787×1092　1/16
　　印张：12.25　　　　　　　　2021 年 4 月第 1 版
　　字数：314 千字　　　　　　2024 年 12 月北京第 9 次印刷

定价：69.80 元

读者服务热线：(010)81055256　印装质量热线：(010)81055316
反盗版热线：(010)81055315
广告经营许可证：京东市监广登字 20170147 号

FOREWORD —————————————————— 前 言

Premiere Pro 简介

Premiere Pro 是由 Adobe 公司开发的一款非线性视频编辑软件，深受影视制作爱好者和影视后期编辑人员的喜爱。其拥有强大的视频剪辑功能，可以对视频进行采集、剪切、组合、拼接等操作，完成剪辑、转场、特效、调色、抠像等工作。

本书邀请行业、企业专家和几位长期从事影视教学的教师一起，从人才培养目标方面做好整体设计，明确专业课程标准，强化专业技能培养，安排教学内容；根据岗位技能要求，引入了企业真实案例，通过"慕课"等立体化的教学手段来支撑课堂教学。同时在内容编写方面，本书全面贯彻党的二十大精神，以社会主义核心价值观为引领，传承中华优秀传统文化，坚定文化自信，使内容更好体现时代性、把握规律性、富于创造性。

如何使用本书

第 1 步：精选基础知识，快速上手 Premiere Pro。

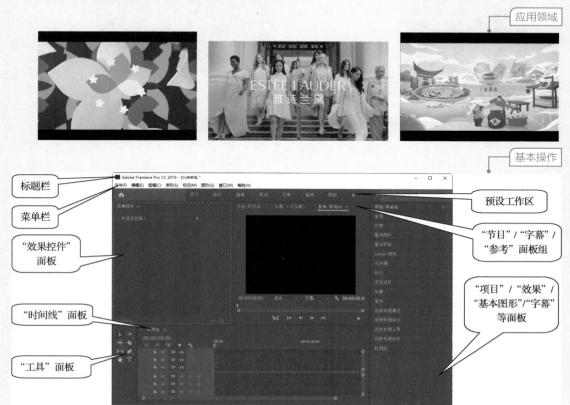

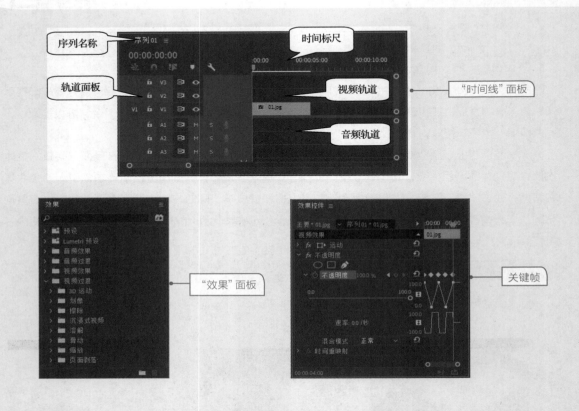

序列名称
时间标尺
轨道面板
视频轨道
"时间线"面板
音频轨道

"效果"面板
关键帧

第2步: 课堂案例 + 软件功能解析,边做边学习软件功能,熟悉设计思路。

6.1 应用转场

剪辑 + 转场 + 特效 + 调色 + 抠像五大核心功能

6.1.1 课堂案例——时尚女孩电子相册

了解课堂案例学习目标和课堂案例知识要点

【课堂案例学习目标】学习使用转场过渡制作图像转场效果。

【课堂案例知识要点】使用"导入"命令导入素材文件,使用"立方体旋转"特效、"圆划像"特效、"楔形擦除"特效、"百叶窗"特效、"风车"特效和"插入"特效制作图片之间的过渡效果,使用"效果控件"面板调整视频文件的大小。时尚女孩电子相册如图6-1所示。

【效果文件所在位置】Ch06/ 时尚女孩电子相册 / 时尚女孩电子相册 . prproj。

精选典型商业案例

图6-1

文字 + 视频步骤详解

(1)启动 Premiere Pro CC 2019,选择"文件 > 新建 > 项目"命令,弹出"新建项目"对话框,如图 6-2 所示,单击"确定"按钮,新建项目。选择"文件 > 新建 > 序列"命令,弹出"新建序列"对话框,选择"设置"选项进行设置,相关设置如图 6-3 所示,单击"确定"按钮,新建序列。

FOREWORD 前言

6.1.2 3D 运动特效

完成案例的学习后，深入学习软件功能和制作特色

"3D 运动"文件夹中共包含 2 种切换视频的特效，如图 6-22 所示。使用不同的转场特效后，效果如图 6-23 所示。

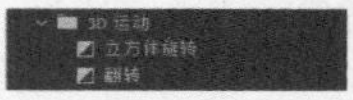

图 6-22

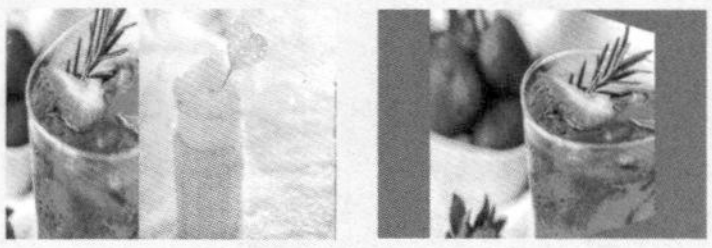

立方体旋转　　翻转

图 6-23

第 3 步：课堂练习 + 课后习题，拓展应用能力。

课堂练习——旅拍 Vlog

【课堂练习知识要点】使用"导入"命令导入素材文件，使用"菱形划像"特效、"时钟式擦除"特效和"带状滑动"特效制作图片之间的过渡效果。旅拍 Vlog 效果如图 6-114 所示。

【效果文件所在位置】Ch06/ 旅拍 Vlog/ 旅拍 Vlog.prproj。

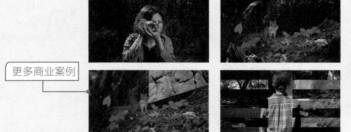

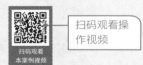

更多商业案例

扫码观看本案例视频

扫码观看操作视频

图 6-114

课后习题——儿童成长电子相册

巩固本章所学知识

【课后习题知识要点】使用"导入"命令导入视频文件，使用"滑动"特效、"拆分"特效、"翻页"特效和"交叉缩放"特效制作视频之间的过渡效果，使用"效果控件"面板编辑视频文件的大小。儿童成长电子相册效果如图 6-115 所示。

【效果文件所在位置】Ch06/ 儿童成长电子相册 / 儿童成长电子相册 .prproj。

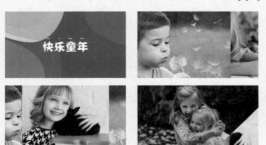

扫码观看本案例视频

图 6-115

第4步： 综合实战，演练真实商业项目制作过程。

配套资源及获取方式

学习资源及获取方式如下。

● 所有案例的素材及最终效果文件。（www.ryjiaoyu.com）

● 全书慕课视频，读者可登录人邮学院网站（www.ryjiaoyu.com）或扫描封面上的二维码，使用手机号码完成注册，在网站首页右上角选择"学习卡"选项，输入封底刮刮卡中的激活码，在线观看视频。也可以通过手机扫描书中二维码的方式来观看视频。

● 扩展案例，扫描书中二维码，即可查看扩展案例操作步骤。

● 赠送素材包，包括画笔库、形状库、渐变库、样式库、动作库。

教学资源及获取方式如下。

- 全书 9 章 PPT 课件。
- 课程标准。
- 课程计划。
- 教学教案。
- 详尽的课堂练习和课后习题的操作步骤。

任课教师可登录人邮教育社区（www.ryjiaoyu.com）免费下载及使用本书资源 。

教学指导

本书的参考学时为 54 学时，其中，理论环节为 22 学时，实训环节为 32 学时，各章的参考学时如下表所示。

章 号	课程内容	学时分配	
		理 论	实 训
第 1 章	初识 Premiere Pro	2	
第 2 章	Premiere Pro 基础	2	
第 3 章	字幕	2	4
第 4 章	音频	2	4
第 5 章	剪辑	2	4
第 6 章	转场	2	4
第 7 章	特效	2	4
第 8 章	调色与抠像	4	4
第 9 章	商业案例	4	8
学 时 总 计		22	32

本书约定

本书案例素材所在位置：章号 / 案例名 / 素材，如 Ch06/ 时尚女孩电子相册 / 素材。

本书案例效果文件所在位置：章号 / 案例名 / 效果，如 Ch06/ 时尚女孩电子相册 / 时尚女孩电子相册 . prproj。

本书中关于颜色的表述为蓝色（232、239、248），括号中的数字分别为颜色的 R、G、B 的值。

由于编者水平有限，书中难免存在不妥之处，敬请广大读者批评指正。

编 者

2023 年 5 月

Premiere Pro CC

CONTENTS ———————————— 目录

—01—

第1章 初识 Premiere Pro

—02—

第2章 Premiere Pro 基础

—03—

第3章 字幕

Premiere Pro CC

─04─

第 4 章 音频

CONTENTS ——————————————— 目 录

Premiere Pro CC

06

第6章 转场

07

第7章 特效

CONTENTS ———————————————— 目 录

—08—

第 8 章　调色与抠像

—09—

第 9 章　商业案例

Premiere Pro CC

第 1 章

初识 Premiere Pro

▶ **本章介绍**

　　学习 Premiere Pro 之前，要了解 Premiere Pro，包含 Premiere Pro 概述、Premiere Pro 的发展历史和应用领域，只有认识了 Premiere Pro 的软件特点和功能特色，才能更有效率地学习和运用 Premiere Pro，从而为工作和学习带来便利。

学习目标

- Premiere Pro 概述。
- Premiere Pro 的发展历史。
- Premiere Pro 的应用领域。

慕课视频

初识
Premiere Pro

1.1　Premiere Pro 概述

Premiere Pro 是由 Adobe 公司开发的一款非线性视频编辑软件，深受影视制作爱好者和影视后期编辑人员的喜爱。其拥有强大的视频剪辑功能，可以对视频进行采集、剪切、组合、拼接等操作，完成剪辑、转场、特效、调色、抠像等工作。

Premiere Pro 是目前强大的视频编辑软件，被广泛应用于节目包装、电子相册、纪录片、产品广告、节目片头和音乐 MV 等领域。

慕课视频

Premiere Pro
的概述和历史

1.2　Premiere Pro 的发展历史

Premiere 的最早版本是 Premiere 4.0，随后推出了 4.2、5.0、6.0 等版本，这些版本只有简单的处理音频、特效和过渡等功能。Premiere Pro（Premiere 7.0）是该软件的一次重大突破，第一次提出了 "Pro"（专业版）的理念，之后陆续推出了 1.5、CS3、CS4 等版本，CS4 是最后一个支持 32 位的版本，随后推出的 CS5、CS6、CC、CC 2019 等是支持 64 位的版本。其最新版本为 Premiere Pro 2020。

1.3　Premiere Pro 的应用领域

1.3.1　节目包装

节目包装是对节目整体形象的规范和强化，图 1-1 所示分别为节目包装截图。Premiere Pro 提供了字幕编辑、视频切换及视频缩放等强大功能，可以帮助用户进行规范的节目包装，在突出节目特征和特点的同时，增强观众对节目的识别能力，使包装形式与节目有机地融为一体。

慕课视频

Premiere Pro
的应用领域

图 1-1

1.3.2　电子相册

电子相册相较于传统相册具有恒久保存的优势。图 1-2 所示分别为右糖电子相册截图。Premiere Pro 提供了特效控制台、转场效果及字幕命令等强大功能，可以帮助用户制作出精美的电子相册，展现美丽的风景、亲密的友情等精彩瞬间。

图 1-2

1.3.3 纪录片

纪录片是以真实生活为创作题材，通过艺术的加工与展现，表现出最真实的本质并引发观众思考的电视艺术形式，图 1-3 所示分别为纪录片截图。Premiere Pro 提供了动画效果、速度 / 持续时间及字幕等强大的命令和功能，可以帮助用户制作出真实质朴的纪录片。

图 1-3

1.3.4 产品广告

产品广告通常用来宣传商品、服务、组织、概念等，图 1-4 所示分别为产品广告截图。Premiere Pro 提供了特效控制台、添加轨道及新建序列等强大功能，可以帮助用户制作出形象生动、冲击力强的广告。

图 1-4

1.3.5 节目片头

节目片头是指片头字幕前的一段内容，用于引起观众对故事内容的兴趣，图 1-5 所示分别为节目片头截图。Premiere Pro 提供了特效控制台、字幕及添加轨道等强大的命令和功能，可以帮助用户制作出风格独特的节目片头。

图 1-5

1.3.6　音乐 MV

　　MV，即 Music Video 是把对音乐的读解用画面呈现的一种艺术形式，图 1-6 所示分别为音乐 MV 截图。Premiere Pro 提供了特效控制台、"效果"面板及添加轨道等强大功能，可以帮助用户制作出酷炫多彩的音乐 MV。

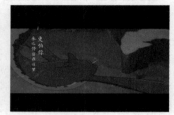

图 1-6

02

第 2 章

Premiere Pro 基础

▶ 本章介绍

　　本章将对 Premiere Pro CC 2019 的操作界面、基本的操作方法、关键帧的使用及文件输出的技巧进行详细讲解。通过对本章的学习，读者可以快速了解并掌握 Premiere Pro CC 2019 的入门知识，为后续章节的学习打下坚实的基础。

学习目标

- 了解 Premiere Pro CC 2019 的操作界面。
- 熟练掌握 Premiere Pro CC 2019 的基本操作。
- 熟练掌握关键帧的使用。
- 了解 Premiere Pro CC 2019 文件输出。

技能目标

- 掌握软件的基本操作方法。
- 熟练掌握添加并设置关键帧的技巧。
- 掌握不同的输出文件的方法。

慕课视频

Premiere Pro
基础

2.1 操作界面

2.1.1 认识用户操作界面

Premiere Pro CC 2019 用户操作界面如图 2-1 所示。从图中可以看出，Premiere Pro CC 2019 的用户操作界面由标题栏、菜单栏、"效果控件"面板、"时间线"面板、"工具"面板、预设工作区、"节目"/"字幕"/"参考"面板组、"项目"/"效果"/"基本图形"/"字幕"等面板组成。

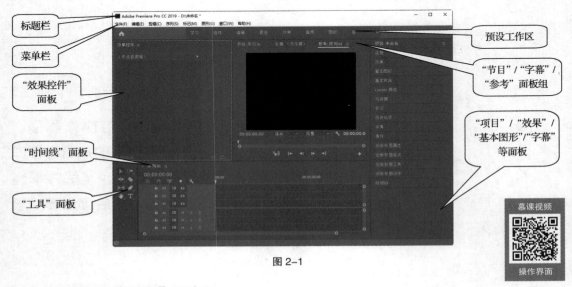

图 2-1

2.1.2 熟悉"项目"面板

"项目"面板主要用于输入、组织和存放供"时间线"面板编辑合成的原始素材，如图 2-2 所示。按 Ctrl+PageUp 组合键，切换到列表状态，如图 2-3 所示。单击"项目"面板右上方的 ▤ 按钮，在弹出的菜单中可以选择面板及相关功能的显示 / 隐藏方式，如图 2-4 所示。

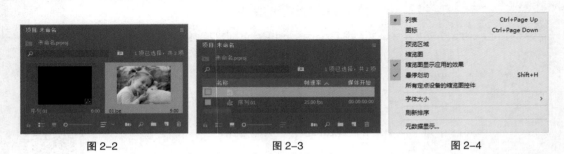

图 2-2   图 2-3   图 2-4

2.1.3 认识"时间线"面板

"时间线"面板是 Premiere Pro CC 2019 的核心部分，在编辑影片的过程中，大部分工作都是在"时间线"面板中完成的。通过"时间线"面板，可以轻松地实现对素材的剪辑、插入、复制、粘贴、修整等操作，如图 2-5 所示。

图 2-5

2.1.4 认识"监视器"窗口

"监视器"窗口分为"源"窗口和"节目"窗口，如图 2-6 和图 2-7 所示，所有编辑或未编辑的影片片段都在此显示效果。

图 2-6

图 2-7

2.1.5 认识其他功能面板

除了以上介绍的面板，Premiere Pro CC 2019 还提供了其他方便编辑操作的功能面板，下面逐一进行介绍。

1. "效果"面板

"效果"面板存放 Premiere Pro CC 2019 自带的各种音频特效、视频特效和预设特效。这些特效按照功能分为六大类，包括预设、Lumetri 预设、音频效果、音频过渡、视频效果及视频过渡，每一大类又按照特效细分为很多小类，如图 2-8 所示。用户安装的第三方特效插件也将出现在该面板的相应类别的文件夹中。

2. "效果控件"面板

"效果控件"面板主要用于控制影视文件的运动、不透明度、切换及特效等设置，如图 2-9 所示。

3. "音轨混合器"面板

"音轨混合器"面板可以更加有效地调节项目的音频，实时混合各轨道的音频对象，如图 2-10 所示。

4. "历史记录"面板

"历史记录"面板可以记录用户从建立项目以来进行的所有操作。在执行了错误操作后，在该面板中选择相应的命令，即可撤销错误操作并重新返回到错误操作之前的某一个状态，如图 2-11 所示。

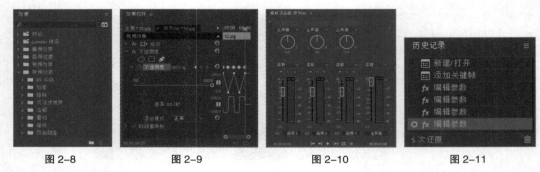

| 图 2-8 | 图 2-9 | 图 2-10 | 图 2-11 |

5. "工具"面板

"工具"面板主要用来放置对"时间线"面板中的音频、视频等内容进行编辑的工具，如图 2-12 所示。

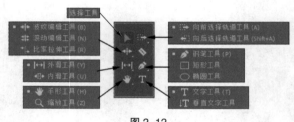

图 2-12

2.2 基本操作

本节将详细介绍项目文件的基本处理，如新建、打开、保存和关闭项目文件；对象的操作，如素材的导入、重命名和组织，以及撤销与恢复操作等。这些基本操作对于后期的制作至关重要。

慕课视频

基本操作

2.2.1 项目文件操作

在启动 Premiere Pro CC 2019 开始进行影视制作时，必须先创建新的项目文件或打开已存在的项目文件，这是 Premiere Pro CC 2019 最基本的操作之一。

1. 新建项目文件

（1）选择"开始 > 所有程序 > Adobe Premiere Pro CC 2019"命令，或双击桌面上的 Adobe Premiere Pro CC 2019 快捷图标，打开 Premiere Pro CC 2019。

（2）选择"文件 > 新建 > 项目"命令，或按 Ctrl+Alt+N 组合键，弹出"新建项目"对话框，如图 2-13 所示。在"名称"文本框中设置项目名称。单击"位置"选项右侧的"浏览"按钮，在弹出的对话框中选择项目文件的保存路径。在"常规"选项卡中可以设置视频渲染和回放，以及视频、音频及捕捉的格式等。在"暂存盘"选项卡中可以设置捕捉的视频、视频预览、音频预览、项目自动保存等的暂存路径。在"收录设置"选项卡中可以设置收录选项。单击"确定"按钮，即可创建一个新的项目文件。

（3）选择"文件 > 新建 > 序列"命令，或按 Ctrl+N 组合键，弹出"新建序列"对话框，在"序列预设"选项卡中选择项目文件格式，如"DV-PAL"制式下的"标准 48kHz"，在此对话框右侧的"预设描述"选项区域中将列出相应的项目信息,如图 2-14 所示。在"设置"选项卡中可以设置编辑模式、时基、视频帧大小、像素长宽比、音频采样率等信息。"轨道"选项卡中可以设置视频、音频轨道的相关信息。在"VR 视频"选项卡中可以设置 VR 属性。单击"确定"按钮,即可创建一个新的序列。

图 2-13

图 2-14

2. 打开项目文件

选择"文件 > 打开项目"命令,或按 Ctrl+O 组合键,弹出"打开项目"对话框,选择需要打开的项目文件,如图 2-15 所示,单击"打开"按钮,即可打开已选择的项目文件。

选择"文件 > 打开最近使用的内容"命令,在其子菜单中选择需要打开的项目文件,如图 2-16 所示,即可打开所选的项目文件。

图 2-15

图 2-16

3. 保存项目文件

刚启动 Premiere Pro CC 2019 时,系统会提示用户先保存一个设置了参数的项目,因此,对于编辑过的项目,直接选择"文件 > 保存"命令或按 Ctrl+S 组合键,即可直接保存该项目文件。另外,系统会隔一段时间自动保存一次项目文件。

选择"文件 > 另存为"命令(或按 Ctrl+Shift+S 组合键),或者选择"文件 > 保存副本"命令(或按 Ctrl+Alt+S 组合键),弹出"保存项目"对话框,设置完相关内容后,单击"保存"按钮,可以保存项目文件的副本。

4. 关闭项目文件

选择"文件 > 关闭项目"命令,即可关闭当前项目文件。如果对当前文件做了修改但尚未保存,

则系统将会弹出提示对话框，如图 2-17 所示，询问是否保存对
该项目文件所做的修改。若单击"是"按钮，则保存项目文件；
若单击"否"按钮，则不保存项目文件，并直接退出项目文件。

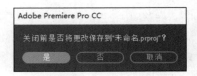
图 2-17

2.2.2 对象操作

1. 导入素材

Premiere Pro CC 2019 支持大部分的主流视频、音频及图像文件格式，一般的导入方式为选择"文件 > 导入"命令，在"导入"对话框中选择所需要的文件格式和文件即可，如图 2-18 所示。

（1）导入图层文件。

选择"文件 > 导入"命令，或按 Ctrl+I 组合键，弹出"导入"对话框，选择 Photoshop、Illustrator 等含有图层的文件格式，选择需要导入的文件，单击"打开"按钮，弹出"导入分层文件"对话框，如图 2-19 所示，用于设置 PSD 图层素材导入的方式包含"合并所有图层""合并的图层""各个图层"或"序列"。

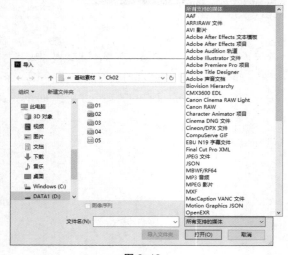
图 2-18

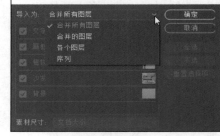
图 2-19

这里选择"序列"选项，如图 2-20 所示，单击"确定"按钮，"项目"面板中会自动产生一个文件夹，其中包括序列文件和图层素材，如图 2-21 所示。以序列的方式导入图层后，软件会按照图层的排列方式自动产生一个序列，可以打开该序列进行编辑。

图 2-20

图 2-21

（2）导入图片。

在"项目"面板的空白区域双击，弹出"导入"对话框，找到序列文件所在的目录，勾选"图像序列"复选框，如图 2-22 所示。单击"打开"按钮，导入素材。序列文件导入后的状态如图 2-23 所示。

图 2-22   图 2-23

2. 重命名素材

在"项目"面板中的素材上单击鼠标右键，在弹出的快捷菜单中选择"重命名"命令，素材会处于可编辑状态，如图 2-24 所示，此时输入新名称即可重命名素材。

提示：重命名素材在一部影片中重复使用一个素材或复制一个素材并为之设定新的入点和出点时，极其有用，可以避免在"项目"面板和序列中观看复制的素材时产生混淆。

3. 组织素材

单击"项目"面板下方的"新建素材箱"按钮█，会自动创建素材箱文件夹，如图 2-25 所示，此文件夹可以将节目中的素材分门别类、有条不紊地组织起来进行管理。

 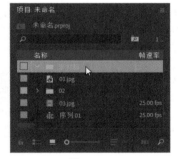

图 2-24   图 2-25

2.2.3 撤销与恢复操作

选择"编辑 > 撤销"命令，可以撤销上一步的错误操作，或撤销不满意的操作效果。如果连续选择此命令，则可连续撤销前面的多步操作。

选择"编辑 > 重做"命令，可以取消撤销操作。例如，删除一个素材后，通过"撤销"命令撤销了操作，如果仍想将此素材删除，则只要选择"编辑 > 重做"命令即可。

2.3 关键帧

Premiere Pro CC 2019 提供了关键帧的设置，在"效果控件"面板中完成。若需要使效果属性随时间而改变，可以使用关键帧技术。

慕课视频
关键帧

1. 关于关键帧

当创建了一个关键帧后，就可以指定一个效果属性在确切的时间点上的值，当为多个关键帧赋予不同的值时，Premiere Pro CC 2019 会自动计算关键帧之间的值，这个处理过程称为"插补"。大多数标准效果可以在素材的整个时间长度中设置关键帧。对于固定效果，如位置和缩放，可以通过设置关键帧使素材产生动画，也可以移动、复制或删除关键帧，以及改变插补的模式。

2. 激活关键帧

为了设置动画效果属性，必须激活属性的关键帧，任何支持关键帧的效果属性都包括"切换动画"按钮 ，单击该按钮可插入一个关键帧。插入关键帧（即激活关键帧）后，即可添加和调整素材所需要的属性，效果如图 2-26 所示。

图 2-26

2.4 文件输出

2.4.1 输出格式

慕课视频
文件输出

在 Premiere Pro CC 2019 中，可以输出多种文件格式，包括视频格式、音频格式、静态图像和序列图像等，下面进行详细介绍。

1. 输出的视频格式

Premiere Pro CC 2019 可以输出多种视频格式，常用的有以下几种。

（1）AVI：AVI 是 Audio Video Interleaved 的缩写，是 Windows 操作系统中使用的视频文件格式，它的优点是兼容性好、图像质量好、调用方便，缺点是文件尺寸较大。

（2）GIF：GIF 是动画格式的文件，可以显示视频运动画面，但不包含音频部分。

（3）QuickTime：用于 Windows 和 Mac OS 系统上的视频文件，适合于网上下载。该文件格式是由 Apple 公司开发的。

2. 输出的音频格式

Premiere Pro CC 2019 可以输出多种音频格式，其主要输出的音频格式有以下几种。

（1）波形音频：波形音频是一种压缩的离散文件或流式文件。它采用的压缩技术与 MP3 压缩原理近似，但它并不削减大量的编码。此音频主要的优点是可以在较低的采样率下压缩出近于 CD 音质的音乐。

（2）MPEG：MPEG（动态图像专家组）创建于 1988 年，专门负责为 CD 建立视频和音频等相关标准。

（3）MP3：MP3 是 MPEG Audio Layer 3 的简称，它能够以高音质、低采样率对数字音频文件进行压缩。

此外，Premiere Pro CC 2019 还可以输出 Windows Media 和 QuickTime 格式的音频。

3．输出的图像格式

Premiere Pro CC 2019 可以输出多种图像格式，其主要输出的图像格式有以下几种。

（1）静态图像格式：Targa、TIFF 和 Windows Bitmap。

（2）序列图像格式：GIF、Targa 和 Windows Bitmap Sequence。

2.4.2　影片预演

影片预演是视频编辑过程中对编辑效果进行检查的重要手段，它实际上属于编辑工作的一部分。影片预演分为两种，一种是实时预演，另一种是生成预演，下面分别进行介绍。

1．实时预演

实时预演也称为实时预览，即平时所说的预览。实时预演的具体操作步骤如下。

（1）影片编辑制作完成后，在"时间线"面板中将时间标记移动到需要预演的片段的开始位置，如图 2-27 所示。

（2）在"节目"窗口中单击"播放 – 停止切换"按钮 ▶ / ■，系统开始播放节目，在"节目"窗口中可预览节目的最终效果，如图 2-28 所示。

图 2-27

图 2-28

2．生成预演

生成预演是计算机的 CPU 对画面进行运算，先生成预演文件，然后再播放。生成预演播放的画面是平滑的，不会产生停顿或跳跃，所表现出来的画面效果和渲染输出的效果是完全一致的。生成预演的具体操作步骤如下。

（1）影片编辑制作完成以后，设置其入点和出点，以确定要生成预演的范围，如图 2-29 所示。

（2）选择"序列 > 渲染入点到出点"命令，系统将开始进行渲染，并弹出"渲染"对话框显示渲染进度，如图 2-30 所示。在"渲染"对话框中单击"渲染详细信息"选项前面的 ▶ 按钮，展开此选项区域，可以查看渲染的消耗时间、空闲磁盘空间等信息。

（3）渲染结束后，系统会自动播放该片段，在"时间线"面板中，预演部分将会显示为绿色线条，其他部分则保持为黄色线条，如图 2-31 所示。

（4）如果用户先设置了预演文件的保存路径，则可在计算机的硬盘中找到预演生成的临时文件，如图 2-32 所示。双击该文件，可以脱离 Premiere Pro CC 2019 进行播放，如图 2-33 所示。

图 2-29	图 2-30	图 2-31

图 2-32

图 2-33

　　生成的预演文件可以重复使用，用户下一次预演该片段时会自动使用该预演文件。在关闭该项目文件时，如果不进行保存，则预演生成的临时文件会自动删除；如果用户在修改预演区域片段后再次预演，则会重新渲染并生成新的预演临时文件。

2.4.3　输出参数

　　影片制作完成后即可输出，在输出影片之前，可以设置一些基本参数，其具体操作步骤如下。

　　（1）在"时间线"面板中选择需要输出的视频序列，选择"文件 > 导出 > 媒体"命令，弹出"导出设置"对话框，在该对话框中进行设置即可，如图 2-34 所示。

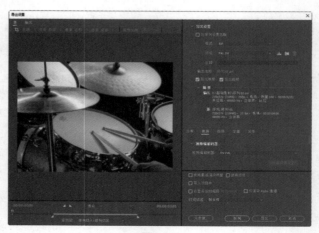

图 2-34

　　（2）在该对话框右侧的选项区域中可以设置文件的格式及输出区域等。

1. 文件类型

用户可以将输出的影片设置为不同的格式，以便适应不同的需要。在"格式"选项的下拉列表中，可以选择输出的媒体格式如图 2-35 所示。

图 2-35

2. 输出视频

勾选"导出视频"选框，可输出整个编辑项目的视频部分；若取消选择，则不能输出视频部分。

在"视频"选项区域中，可以为输出的视频指定使用的格式、品质及影片尺寸等相关的参数，如图 2-36 所示。

3. 输出音频

勾选"导出音频"选框，可输出整个编辑项目的音频部分；若取消选择，则不能输出音频部分。

在"音频"选项区域中，可以为输出的音频指定使用的压缩方式、采样速率及量化指标等相关的选项参数，如图 2-37 所示。

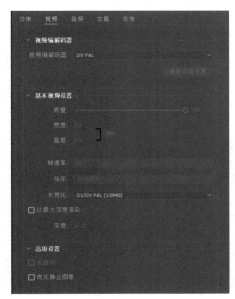

图 2-36

图 2-37

2.4.4 渲染输出

Premiere Pro CC 2019 可以渲染输出多种格式文件，从而使视频剪辑更加方便灵活。下面将重点介绍常用格式文件渲染输出的方法。

1. 输出单帧图像

在视频编辑中，可以将画面的某一帧输出，以便给视频动画制作定格效果。输出单帧图像的具体操作步骤如下。

（1）在 Premiere Pro CC 2019 的时间线上添加一段视频文件，选择"文件 > 导出 > 媒体"命令，弹出"导出设置"对话框，在"格式"下拉列表中选择"TIFF"选项，在"输出名称"文本框中输入文件名并设置文件的保存路径，勾选"导出视频"复选框，其他参数保持默认状态，如图2-38所示。

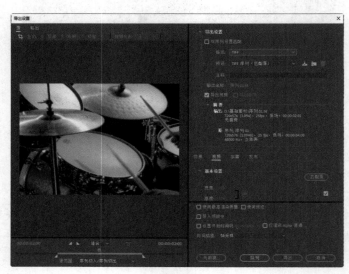

图 2-38

（2）单击"导出"按钮，输出单帧图像。输出单帧图像时，最关键的是时间指针的定位，它决定了单帧输出时的图像内容。

2. 输出音频文件

Premiere Pro CC 2019 可以将影片中的一段声音或影片中的歌曲制作成音频文件。输出音频文件的具体操作步骤如下。

（1）在 Premiere Pro CC 2019 的时间线上添加一个有声音的视频文件或打开一个有声音的项目文件，选择"文件 > 导出 > 媒体"命令，弹出"导出设置"对话框，在"格式"下拉列表中选择"MP3"选项，在"预设"下拉列表中选择"MP3 128kbps"选项，在"输出名称"文本框中输入文件名并设置文件的保存路径，勾选"导出音频"复选框，其他参数保持默认状态，如图2-39所示。

（2）单击"导出"按钮，输出音频文件。

3. 输出整个影片

输出整个影片是最常用的文件输出方式，将编辑完成的项目文件以视频格式输出时，可以输出编辑内容的全部或者某一部分，也可以只输出视频内容或者只输出音频内容，一般会输出全部的视频和音频。

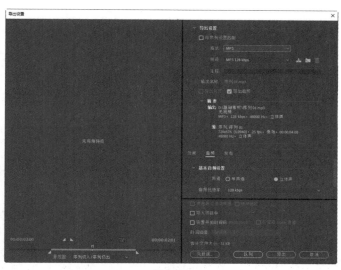

图 2-39

下面以 AVI 格式的影片为例，介绍输出整个影片的方法，其具体操作步骤如下。

（1）选择"文件 > 导出 > 媒体"命令，弹出"导出设置"对话框。

（2）在"格式"下拉列表中选择"AVI"选项。

（3）在"预设"下拉列表中选择"PAL DV"选项，如图 2-40 所示。

图 2-40

（4）在"输出名称"文本框中输入文件名并设置文件的保存路径，勾选"导出视频"复选框和"导出音频"复选框。

（5）设置完成后，单击"导出"按钮，即可输出 AVI 格式的影片。

4. 输出静态图片序列

Premiere Pro CC 2019 可以将视频输出为静态图片序列，也就是说，将视频画面的每一帧都输出为一张静态图片，这一系列图片中的每一张都具有一个自动编号。这些输出的序列图片可用于 3D 软件中的动态贴图，并且可以移动和存储。输出静态图片序列的具体操作步骤如下。

（1）在 Premiere Pro CC 2019 的时间线上添加一段视频文件，设定只输出视频的一部分内容，如图 2-41 所示。

（2）选择"文件 > 导出 > 媒体"命令，弹出"导出设置"对话框，在"格式"下拉列表中选择"TIFF"选项，在"输出名称"文本框中输入文件名并设置文件的保存路径，勾选"导出视频"复选框，在"视频"选项卡中必须勾选"导出为序列"复选框，其他参数保持默认状态，如图 2-42 所示。

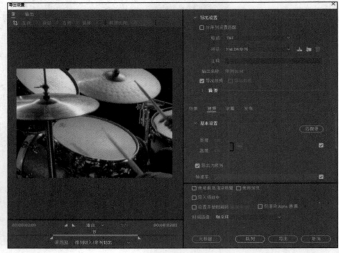

图 2-41   图 2-42

（3）单击"导出"按钮，输出静态图片序列。输出完成后的静态图片序列文件如图 2-43 所示。

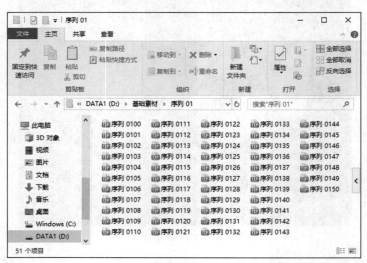

图 2-43

第3章

03

字幕

▶ **本章介绍**

本章将主要介绍字幕的制作方法，并对字幕的创建、编辑，字幕窗口中的各项功能及使用方法进行详细介绍。通过对本章的学习，读者应掌握编辑字幕的技巧。

学习目标

● 熟练掌握创建、编辑与修饰字幕文字的方法。
● 掌握创建运动字幕的技巧。

技能目标

● 掌握"音乐节宣传广告"的制作方法。
● 掌握"海鲜火锅宣传广告"的制作方法。
● 掌握"夏季女装上新广告"的制作方法。

慕课视频

字幕

3.1 创建字幕

3.1.1 课堂案例——音乐节宣传广告

【课堂案例学习目标】学习使用"基本图形"面板创建文本。

【课堂案例知识要点】使用"导入"命令导入素材文件，使用"基本图形"面板添加文本，使用"效果控件"面板制作文本动画。音乐节宣传广告效果如图 3-1 所示。

【效果文件所在位置】Ch03/ 音乐节宣传广告 / 音乐节宣传广告 . prproj。

扫码观看
本案例视频

扫码观看
扩展案例

图 3-1

1. 添加并剪辑影视素材

（1）启动 Premiere Pro CC 2019，选择"文件 > 新建 > 项目"命令，弹出"新建项目"对话框，如图 3-2 所示，单击"确定"按钮，新建项目。选择"文件 > 新建 > 序列"命令，弹出"新建序列"对话框，单击"设置"选项，进行设置，相关设置如图 3-3 所示，单击"确定"按钮，新建序列。

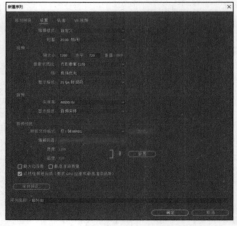

图 3-2   图 3-3

（2）选择"文件 > 导入"命令，弹出"导入"对话框，选中本书云盘中"Ch03/ 音乐节宣传广告 / 素材"中的"01"~"05"文件，如图 3-4 所示，单击"打开"按钮，将素材文件导入"项目"面板，如图 3-5 所示。

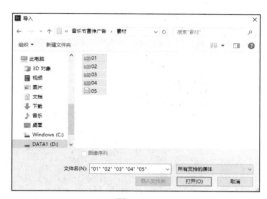

图 3-4   图 3-5

（3）在"项目"面板中，选中"05"文件，将其拖曳到"时间线"面板中的"V1"轨道，弹出"剪辑不匹配警告"对话框，如图 3-6 所示，单击"保持现有设置"按钮，在保持现有序列设置的情况下将"05"文件放置在"V1"轨道中，如图 3-7 所示。

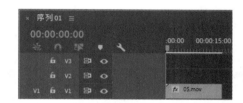

图 3-6   图 3-7

（4）选择"剪辑 > 速度 / 持续时间"命令，弹出"剪辑速度 / 持续时间"对话框，进行设置，如图 3-8 所示，单击"确定"按钮，效果如图 3-9 所示。

图 3-8   图 3-9

（5）在"项目"面板中，选中"01"文件将其拖曳到"时间线"面板中的"V2"轨道，如图 3-10 所示。将鼠标指针放置在"01"文件的结束位置，当鼠标指针呈 ◄┃ 状时，向右拖曳鼠标指针到"05"文件的结束位置，如图 3-11 所示。

图 3-10   图 3-11

（6）将时间标签放置在 01:00s 的位置。在"项目"面板中，选中"02"文件并将其拖曳到"时间线"面板中的"V3"轨道，如图 3-12 所示。选择"序列 > 添加轨道"命令，弹出"添加轨道"对话框，进行设置，单击"确定"按钮，如图 3-13 所示，在"时间线"面板中添加了 5 条视频轨道。

图 3-12

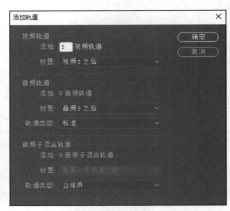

图 3-13

（7）将时间标签放置在 01:16s 的位置。在"项目"面板中，选中"03"文件并将其拖曳到"时间线"面板中的"V4"轨道，如图 3-14 所示。将鼠标指针放置在"03"文件的结束位置，当鼠标指针呈◄状时，向左拖曳鼠标指针到"02"文件的结束位置，如图 3-15 所示。

图 3-14

图 3-15

（8）将时间标签放置在 02:07s 的位置。在"项目"面板中，选中"04"文件并将其拖曳到"时间线"面板的"V5"轨道中，如图 3-16 所示。将鼠标指针放置在"04"文件的结束位置，当鼠标指针呈◄状时，向左拖曳鼠标指针到"03"文件的结束位置，如图 3-17 所示。

图 3-16

图 3-17

2. 添加图形并制作动画

（1）将时间标签放置在 03:07s 的位置。选择"基本图形"面板，选择"编辑"选项卡，单击"新建图层"按钮▣，在弹出的菜单中选择"直排文本"命令，如图 3-18 所示。在"时间线"面板的"V6"轨道中生成"新建文本图层"文件，如图 3-19 所示。

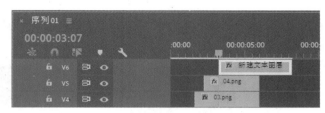

<table>
<tr><td>图 3-18</td><td>图 3-19</td></tr>
</table>

（2）将鼠标指针放置在"新建文本图层"文件的结束位置，当鼠标指针呈 ◀▶ 状时，向左拖曳鼠标指针到"04"文件的结束位置，如图 3-20 所示，"节目"窗口中的效果如图 3-21 所示。

图 3-20　　　　　　　　　　　　　　　图 3-21

（3）在"节目"窗口中修改文字，效果如图 3-22 所示。在"基本图形"面板中选择"只有音乐"图层，在"对齐并变换"栏中进行相关设置，如图 3-23 所示。

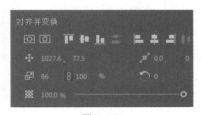

图 3-22　　　　　　　　　　　　　　　图 3-23

（4）选中"节目"窗口中的文字"只有"，在"文本"和"外观"栏中进行相关设置，如图 3-24 所示。选中"节目"窗口中的文字"音乐"，在"外观"栏中将"填充"选项设为暗红色（187、1、16），其他选项的设置如图 3-25 所示。此时，"节目"窗口中的效果如图 3-26 所示。

图 3-24　　　　　　　图 3-25　　　　　　　图 3-26

（5）选择"效果控件"面板，展开"运动"栏，将"缩放"选项设置为20.0，单击"缩放"选项左侧的"切换动画"按钮🕐，如图3-27所示，记录第1个动画关键帧。将时间标签放置在04:00s的位置，在"效果控件"面板中，将"缩放"选项设置为100.0，如图3-28所示，记录第2个动画关键帧。

图 3-27　　　　　　　　　　图 3-28

（6）将时间标签放置在03:07s的位置。选择"效果控件"面板，展开"不透明度"栏，将"不透明度"选项设置为0.0%，如图3-29所示，记录第1个动画关键帧。将时间标签放置在04:00s的位置，在"效果控件"面板中，将"不透明度"选项设置为100.0%，如图3-30所示，记录第2个动画关键帧。使用相同的方法添加其他文本，效果如图3-31所示。至此，音乐节宣传广告制作完成。

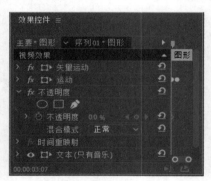 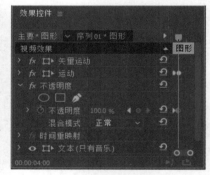

图 3-29　　　　　　　　　　图 3-30

图 3-31

3.1.2　创建水平或垂直排列文字

Premiere Pro CC 2019可以创建水平排列或者垂直排列的文字，其具体操作步骤如下。

1. 使用"字幕"面板创建文字

（1）选择"文件 > 新建 > 旧版标题"命令，弹出"新建字幕"对话框，单击"确定"按钮。

（2）选择工具面板或"旧版标题工具"面板中的"文字工具" **T** 和"垂直文字工具" **IT**。

（3）在"字幕"面板中单击以插入光标，输入需要的文字，并在"旧版标题属性"面板中编辑文字，如图 3-32 和图 3-33 所示。

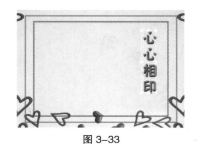

图 3-32　　　　　　　　　　　　图 3-33

2. 使用"基本图形"面板创建文字

（1）选择"基本图形"面板，选择"编辑"选项卡，单击"新建图层"按钮 ，在弹出的菜单中选择"文本"和"直排文本"命令，如图 3-34 所示。

（2）在"时间线"面板的"V2"轨道中生成"新建文本图层"文件，如图 3-35 所示。

图 3-34　　　　　　　　　　　　　　图 3-35

（3）在"节目"窗口中修改文字，在"效果控件"面板或"基本图形"面板中编辑文字，效果如图 3-36 和图 3-37 所示。

图 3-36　　　　　　　　　　　　图 3-37

3.1.3　创建路径文字

Premiere Pro CC 2019 可以创建平行或者垂直路径文字，其具体操作步骤如下。

（1）在"旧版标题工具"面板中选择"路径文字工具" 或"垂直路径文字工具" 。

（2）将鼠标指针放置在"字幕"面板工作区中，鼠标指针变为钢笔状，在需要输入文字的位置单击。

（3）将鼠标指针移动到另一个位置再次单击，此时会出现一条曲线，即文本路径。

（4）选择文字输入工具（任何一种工具即可），在路径上单击并输入文字，如图 3-38 和图 3-39 所示。

 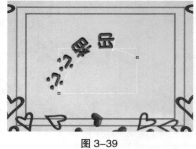

<table>
<tr><td>图 3-38</td><td>图 3-39</td></tr>
</table>

3.1.4　创建段落文本

Premiere Pro CC 2019 可以创建段落文本，其具体操作步骤如下。

（1）在"旧版标题工具"面板中选择"区域文字工具"▤或"垂直区域文字工具"▥。

（2）将鼠标指针放置在"字幕"面板工作区中，单击并按住鼠标左键不放，从左上角向右下角拖曳出一个矩形框，输入文字后释放鼠标左键效果如图 3-40 和图 3-41 所示。

图 3-40　　　　　　　　　　图 3-41

3.2　编辑字幕

3.2.1　课堂案例——海鲜火锅宣传广告

【课堂案例学习目标】学习创建并编辑文字。

【课堂案例知识要点】使用"导入"命令导入素材文件，使用"旧版标题"命令创建字幕，使用"字幕"面板添加文字，使用"旧版标题属性"面板设置字幕属性，使用"效果控件"面板调整影视素材的位置、缩放和不透明度。海鲜火锅宣传广告效果如图 3-42 所示。

【效果文件所在位置】Ch03/ 海鲜火锅宣传广告 / 海鲜火锅宣传广告 . prproj。

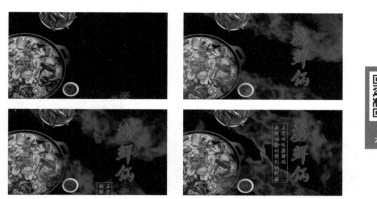

图 3-42

扫码观看
本案例视频

1. 添加并剪辑影视素材

（1）启动 Premiere Pro CC 2019，选择"文件 > 新建 > 项目"命令，弹出"新建项目"对话框，如图 3-43 所示，单击"确定"按钮，新建项目。选择"文件 > 新建 > 序列"命令，弹出"新建序列"对话框，选择"设置"进行设置，相关设置如图 3-44 所示，单击"确定"按钮，新建序列。

图 3-43

图 3-44

（2）选择"文件 > 导入"命令，弹出"导入"对话框，选中本书云盘中 "Ch03/ 海鲜火锅宣传广告 / 素材"中的"01"和"02"文件，如图 3-45 所示，单击"打开"按钮，将素材文件导入"项目"面板中，如图 3-46 所示。

图 3-45

图 3-46

（3）在"项目"面板中，选中"01"文件并将其拖曳到"时间线"面板中的"V1"轨道，如图 3-47 所示。选中"时间线"面板中的"01"文件。选择"效果控件"面板，展开"运动"栏，将"位置"选项设置为 492.0 和 360.0，"缩放"选项设置为 125.0，如图 3-48 所示。

图 3-47

图 3-48

（4）在"项目"面板中，选中"02"文件并将其拖曳到"时间线"面板中的"V2"轨道，如图 3-49 所示。将鼠标指针放置在"02"文件的结束位置，当鼠标指针呈 状时，向左拖曳鼠标指针到"01"文件的结束位置，如图 3-50 所示。

图 3-49

图 3-50

（5）选中"时间线"面板中的"02"文件。选择"效果控件"面板，展开"运动"栏，将"缩放"选项设置为 70.0，如图 3-51 所示；展开"不透明度"栏，将"不透明度"选项设置为 80.0%，如图 3-52 所示。

图 3-51

图 3-52

2. 制作字幕文字和图形

（1）选择"文件 > 新建 > 旧版标题"命令，弹出"新建字幕"对话框，如图 3-53 所示，单击"确定"按钮。选择"工具"面板中的"垂直文字工具" ，在"字幕"面板中单击以插入光标，输入需要的文字。在"旧版标题属性"面板中展开"变换"栏，相关设置如图 3-54 所示。

（2）展开"属性"栏，相关设置如图 3-55 所示；展开"填充"栏，将"颜色"选项设置为红色（186、0、0）；展开"描边"栏，添加外描边，将"颜色"选项设置为土黄色（195、133、

89），其他选项的设置如图 3-56 所示。此时，"字幕"面板中的效果如图 3-57 所示，新建的字幕文件自动保存到"项目"面板中。

图 3-53

图 3-54

图 3-55

图 3-56

图 3-57

（3）在"字幕"面板中单击"滚动 / 游动选项"按钮 ，弹出"滚动 / 游动选项"对话框，在"字幕类型"选项区域中选中"向左游动"单选按钮，在"定时（帧）"选项区域中勾选"开始于屏幕外"复选框，其他参数的设置如图 3-58 所示，单击"确定"按钮。在"项目"面板中，选中"字幕01"文件并将其拖曳到"时间线"面板中的"V3"轨道，如图 3-59 所示。

图 3-58

图 3-59

（4）选择"序列 > 添加轨道"命令，弹出"添加轨道"对话框，进行相关设置，如图 3-60 所示，单击"确定"按钮，效果如图 3-61 所示，在"时间线"面板中添加了 1 条视频轨道。

（5）选择"文件 > 新建 > 旧版标题"命令，弹出"新建字幕"对话框，单击"确定"按钮。选择"工具"面板中的"垂直文字工具" ，在"字幕"面板中拖曳文本框并输入需要的文字。在"旧版标题属性"面板中展开"变换"栏，相关设置如图 3-62 所示；展开"属性"栏和"填充"栏，将"颜色"选项设置为土黄色（195、133、88），其他选项的设置如图 3-63 所示。此时，"字幕"面板中的效果如图 3-64 所示。

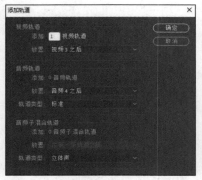

图 3-60

图 3-61

图 3-62

图 3-63

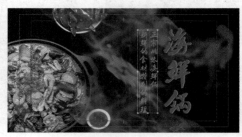

图 3-64

（6）选择"旧版标题工具"面板中的"矩形工具" ▢ ，在"字幕"面板中绘制矩形。在"旧版标题属性"面板中展开"变换"栏，相关设置如图 3-65 所示；展开"描边"栏，添加内描边，将"颜色"选项设置为土黄色（195、133、88），其他选项的设置如图 3-66 所示。此时，"字幕"面板中的效果如图 3-67 所示。

图 3-65

图 3-66

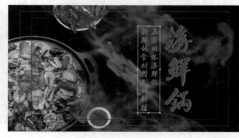

图 3-67

（7）在"字幕"面板中单击"滚动／游动选项"按钮 ≡↕ ，弹出"滚动／游动选项"对话框，选中"滚动"单选按钮，在"定时（帧）"选项区域中勾选"开始于屏幕外"复选框，其他参数的设置如图 3-68 所示，单击"确定"按钮。在"项目"面板中，选中"字幕 02"文件并将其拖曳到"时间线"面板中的"V4"轨道，如图 3-69 所示。

（8）将鼠标指针放置在"字幕 02"文件的结束位置，当鼠标指针呈 ◀ 状时，向左拖曳鼠标指针到"字幕 01"文件的结束位置，如图 3-70 所示。至此，海鲜火锅宣传广告制作完成，效果如图 3-71 所示。

图 3-68

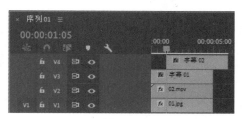

图 3-69

图 3-70

图 3-71

3.2.2 编辑字幕文字

1. 文字对象的选择与移动

（1）选择"选择工具" ▶，将鼠标指针放置在"字幕"面板中，单击要选择的字幕文本将其选中，此时，字幕文字的四周将出现带有 8 个控制点的矩形框，如图 3-72 所示。

（2）在字幕文字处于选中的状态下，将鼠标指针放置在矩形框内，单击并按住鼠标左键不放进行拖曳，将文字移动至合适的位置后释放鼠标左键，即可实现文字对象的移动，如图 3-73 所示。

图 3-72

图 3-73

2. 文字对象的缩放和旋转

（1）选择"选择工具" ▶，单击文字对象将其选中。

（2）将鼠标指针放置在矩形框的任意一个点，当鼠标指针呈 ↗、↔ 或 ↘ 状时，单击并按住鼠标左键拖曳即可实现文字对象的缩放。如果按住 Shift 键的同时拖曳鼠标，则可以等比例缩放文字对象，如图 3-74 所示。

（3）在文字处于选中的状态下，选择"旧版标题工具"面板中的"旋转工具" ↻，将鼠标指针放置在"字幕"面板中，单击并按住鼠标左键拖曳即可实现文字对象的旋转，如图 3-75 所示 。

图 3-74   图 3-75

3.2.3　设置字幕属性

Premiere Pro CC 2019 可以非常方便地对字幕文字进行修饰，包括调整其位置、不透明度，设置文字的字体、字号、颜色以及为文字添加阴影等。

1.　在"旧版标题属性"面板中设置字幕属性

在"旧版标题属性"面板的"变换"栏中可以对字幕文字或图形的不透明度、位置、宽度、高度及旋转等属性进行操作，如图 3-76 所示；在"属性"栏中可以对字幕文字的字体系列、字体样式、字体大小、宽高比、行距、字距及扭曲等基本属性进行设置，如图 3-77 所示；在"填充"栏中可以对字幕文字或者图形的填充类型、颜色和不透明度等属性进行设置，如图 3-78 所示。

图 3-76   图 3-77   图 3-78

在"描边"栏中可以设置文字或者图形的描边效果，如可以设置内描边和外描边，如图 3-79 所示；在"阴影"栏中可以添加阴影效果，如图 3-80 所示；在"背景"栏中可以设置字幕背景的填充类型、颜色和不透明度等属性，如图 3-81 所示。

图 3-79   图 3-80   图 3-81

2．在"效果控件"面板中设置字幕图形属性

在"效果控件"面板中展开"文本（新建文本图层）"栏，在"源文本"栏中可以设置文字的字体系列、字体样式、字体大小、字距和行距等选项；在"外观"栏中可以设置填充、描边及阴影等选项，如图 3-82 所示；在"变换"栏中可以设置位置、缩放、旋转、不透明度、锚点等选项，如图 3-83 所示。

图 3-82　　　　　　　　　　　　　　　　图 3-83

3．在"基本图形"面板中设置文字属性

"基本图形"面板最上方为文字图层和响应设置，如图 3-84 所示；在"对齐并变换"栏中可以设置图形的对齐、位置、旋转及比例等选项；在"主样式"栏中可以设置图形对象的主样式，如图 3-85 所示；在"文本"栏中可以设置文字的字体系列、字体样式、字体大小、字距和行距等选项；在"外观"栏中可以设置填充、描边及阴影等选项，如图 3-86 所示。

图 3-84　　　　　　　　　图 3-85　　　　　　　　　图 3-86

3.3　创建运动字幕

3.3.1　课堂案例——夏季女装上新广告

【课堂案例学习目标】学习输入及编辑水平文字，并创建运动字幕。

【课堂案例知识要点】使用"导入"命令导入素材图片，使用"旧版标题"命令创建字幕，使用"字幕"面板添加文字并制作运动字幕，使用"旧版标题属性"面板设置字幕属性，使用"效果控件"面板调整影视文件的位置和缩放。夏季女装上新广告效果如图 3-87 所示。

【效果文件所在位置】Ch03/ 夏季女装上新广告 / 夏季女装上新广告 . prproj。

扫码观看
本案例视频

扫码观看
扩展案例

图 3-87

（1）启动 Premiere Pro CC 2019，选择"文件 > 新建 > 项目"命令，弹出"新建项目"对话框，如图 3-88 所示，单击"确定"按钮，新建项目。选择"文件 > 新建 > 序列"命令，弹出"新建序列"对话框，选择"设置"选项卡进行设置，相关设置如图 3-89 所示，单击"确定"按钮，新建序列。

图 3-88　　　　　　　　　　　　　　　　图 3-89

（2）选择"文件 > 导入"命令，弹出"导入"对话框，选中本书云盘中"Ch03/ 夏季女装上新广告 / 素材"中的"01"~"03"文件，如图 3-90 所示，单击"打开"按钮，将素材文件导入"项目"面板中，如图 3-91 所示。

（3）在"项目"面板中，选中"01"文件并将其拖曳到"时间线"面板中的"V1"轨道，如图 3-92 所示。将时间标签放置在 0:10s 的位置。选中"02"文件并将其拖曳到"时间线"面板的"V2"轨道中，如图 3-93 所示。

（4）将鼠标指针放置在"02"文件的结束位置，当鼠标指针呈◀状时，向左拖曳鼠标指针到"01"文件的结束位置，如图 3-94 所示。选中"时间线"面板中的"02"文件。选择"效果控件"面板，展开"运动"栏，将"位置"选项设置为 985.0 和 740.0，"缩放"选项设置为 159.0，如图 3-95 所示。

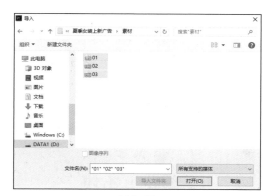

图 3-90

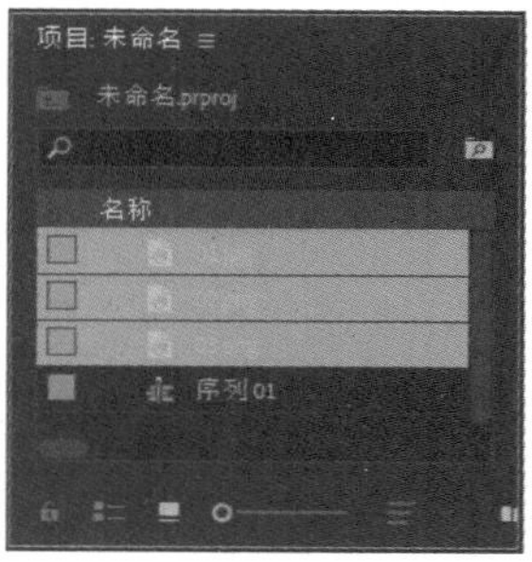

图 3-92

图 3-91

图 3-93

图 3-94

图 3-95

（5）选择"文件 > 新建 > 旧版标题"命令，弹出"新建字幕"对话框，单击"确定"按钮。选择"工具"面板中的"文字工具" **T**，在"字幕"面板中单击以插入光标，输入需要的文字。在"旧版标题属性"面板中展开"属性"栏，相关设置如图 3-96 所示；展开"填充"栏，将"颜色"选项设置为蓝色（62、64、152）。此时，"字幕"面板中的效果如图 3-97 所示，新建的字幕文件自动保存到"项目"面板中。

图 3-96

图 3-97

（6）选中"字幕"面板中的文字"夏季"。在"旧版标题属性"面板中展开"填充"栏，将"颜色"选项设置为红色（246、69、68），此时，"字幕"面板中的效果如图 3-98 所示。

（7）选择"旧版标题工具"面板中的"椭圆工具" ，按住 Shift 键的同时，在"字幕"面板中绘制圆形。在"旧版标题属性"面板中展开"填充"栏，将"颜色"选项设置为红色（246、69、68），此时，"字幕"面板中的效果如图 3-99 所示。

图 3-98

图 3-99

（8）选择"旧版标题工具"面板中的"选择工具" ，按住 Alt+Shift 组合键的同时，在"字幕"面板中拖曳出圆形，并复制一个圆形，效果如图 3-100 所示。使用相同的方法再复制两个圆形，效果如图 3-101 所示。

图 3-100

图 3-101

（9）选择"工具"面板中的"文字工具" ，在"字幕"面板中单击以插入光标，输入需要的文字。在"旧版标题属性"面板中展开"属性"栏，相关设置如图 3-102 所示；展开"填充"栏，将"颜色"选项设置为白色。此时，"字幕"面板中的效果如图 3-103 所示。分别将鼠标指针放置在文字"场""8"和"折"的前方，调整字偶间距，效果如图 3-104 所示。

图 3-102

图 3-103

图 3-104

（10）在"字幕"面板中单击"滚动/游动选项"按钮 进行设置，弹出"滚动/游动选项"对话框，选中"滚动"单选按钮，在"定时（帧）"选项区域中勾选"开始于屏幕外"复选框，如图 3-105 所示，单击"确定"按钮。在"项目"面板中，选中"字幕01"文件并将其拖曳到"时间线"面板中的

"V3" 轨道，如图 3-106 所示。

图 3-105

图 3-106

（11）选择"序列 > 添加轨道"命令，弹出"添加轨道"对话框，进行相关设置，如图 3-107 所示，单击"确定"按钮，在"时间线"面板中添加了 1 条视频轨道，如图 3-108 所示。

图 3-107

图 3-108

（12）将时间标签放置在 0:20s 的位置。在"项目"面板中，选中"03"文件并将其拖曳到"时间线"面板中的"V4"轨道，如图 3-109 所示。将鼠标指针放置在"03"文件的结束位置，当鼠标指针呈◄►状时，向右拖曳鼠标指针到"字幕 01"文件的结束位置，如图 3-110 所示。至此，夏季女装上新广告制作完成。

图 3-109

图 3-110

3.3.2 制作垂直滚动字幕

制作垂直滚动字幕的具体操作步骤如下。

（1）启动 Premiere Pro CC 2019，在"项目"面板中导入素材并将其添加到"时间线"面板中的视频轨道。

（2）选择"文件 > 新建 > 旧版标题"命令，弹出"新建字幕"对话框，单击"确定"按钮。此时，

"字幕"面板如图 3-111 所示。

（3）选择"旧版标题工具"面板中的"区域文字工具"⊞，在"字幕"面板中拖曳出文本框，输入需要的文字并对属性进行相应的设置，如图 3-112 所示。

（4）在"字幕"面板中单击"滚动 / 游动选项"按钮 ⁞≡ ，弹出"滚动 / 游动选项"对话框，在字幕类型选项区域中选中"滚动"单选按钮，在"定时（帧）"选项区域中勾选"开始于屏幕外"和"结束于屏幕外"复选框，其他参数的设置如图 3-113 所示，单击"确定"按钮。

图 3-111

图 3-112

图 3-113

（5）制作的字幕会自动保存在"项目"面板中。在"项目"面板中将新建的字幕添加到"时间线"面板的"V2"轨道中，并将其调整为与"V1"轨道中的素材等长，如图 3-114 所示。

（6）单击"节目"窗口下方的"播放 - 停止切换"按钮 ▶ / ■ ，即可预览字幕的垂直滚动效果，如图 3-115 和图 3-116 所示。

图 3-114

图 3-115

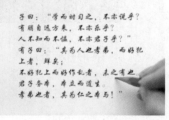
图 3-116

在"基本图形"面板中取消文字图层的选中状态，如图 3-117 所示。勾选"滚动"复选框，在弹出的界面中设置滚动选项，如图 3-118 所示，即可制作垂直滚动字幕。

图 3-117

图 3-118

3.3.3　制作横向滚动字幕

制作横向滚动字幕与制作垂直滚动字幕的操作基本相同，其具体操作步骤如下。

（1）启动 Premiere Pro CC 2019，在"项目"面板中导入素材并将其添加到"时间线"面板的视频轨道中。

（2）选择"文件 > 新建 > 旧版标题"命令，弹出"新建字幕"对话框，单击"确定"按钮。

（3）选择"旧版标题工具"面板中的"垂直区域文字工具"，在"字幕"面板中拖曳出文本框，输入需要的文字并对属性进行相应的设置，如图 3-119 所示。

（4）单击"滚动 / 游动选项"按钮，弹出"滚动 / 游动选项"对话框，在字幕类型选项区域中选中"向右游动"单选按钮，在"定时（帧）"选项区域中勾选"开始于屏幕外"和"结束于屏幕外"复选框，其他参数的设置如图 3-120 所示，单击"确定"按钮。

图 3-119

图 3-120

（5）制作的字幕会自动保存在"项目"面板中。在"项目"面板中将新建的字幕添加到"时间线"面板中的"V2"轨道，并将其调整为与"V1"轨道中的素材等长如图 3-121 所示。

（6）单击"节目"窗口下方的"播放 - 停止切换"按钮，即可预览字幕的横向滚动效果，如图 3-122 和图 3-123 所示。

图 3-121

图 3-122

图 3-123

课堂练习——化妆品广告

【课堂练习知识要点】使用"导入"命令导入素材文件，使用"旧版标题"命令创建字幕，使用"字幕"面板添加文字，使用"旧版标题属性"面板设置字幕属性，使用"球面化"特效制作文字动画效果。化妆品广告效果如图 3-124 所示。

【效果文件所在位置】Ch03/ 化妆品广告 / 化妆品广告 . prproj。

扫码观看
本案例视频

图 3-124

课后习题——节目预告片

【课后习题知识要点】使用"导入"命令导入素材文件，使用"旧版标题"命令创建字幕，使用"字幕"面板添加文字并制作滚动字幕，使用"旧版标题属性"面板设置字幕属性。节目预告片效果如图 3-125 所示。

【效果文件所在位置】Ch03/ 节目预告片 / 节目预告片 . prproj。

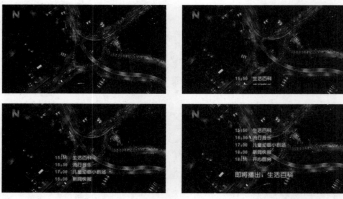

扫码观看
本案例视频

图 3-125

第4章

音频

04

▶ **本章介绍**

　　本章将对音频及音频特效的应用与编辑进行介绍，重点介绍调节音频、合成音频和添加音频特效等操作。通过对本章内容的学习，读者可以掌握 Premiere Pro CC 2019 的声音特效制作。

学习目标

- 掌握不同调节音频的方法。
- 掌握使用时间线面板合成音频的方法。
- 掌握添加音频特效的技巧。

技能目标

- 掌握 "休闲生活赏析" 的制作方法。
- 掌握 "时尚音乐宣传片" 的制作方法。
- 掌握 "个性女装展示" 的制作方法。

慕课视频

音频

4.1 调节音频

4.1.1 课堂案例——休闲生活赏析

【课堂案例学习目标】学习编辑音频并制作淡入淡出效果。

【课堂案例知识要点】使用"导入"命令导入素材文件，使用"效果控件"面板调整音频的淡入淡出效果。休闲生活赏析效果如图 4-1 所示。

【效果文件所在位置】Ch04/ 休闲生活赏析 / 休闲生活赏析 . prproj。

扫码观看
本案例视频

扫码观看
扩展案例

图 4-1

（1）启动 Premiere Pro CC 2019，选择"文件 > 新建 > 项目"命令，弹出"新建项目"对话框，如图 4-2 所示，单击"确定"按钮，新建项目。选择"文件 > 新建 > 序列"命令，弹出"新建序列"对话框，选择"设置"选项进行设置，相关设置如图 4-3 所示，单击"确定"按钮，新建序列。

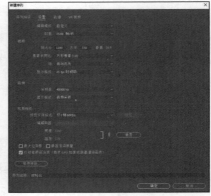

图 4-2   图 4-3

（2）选择"文件 > 导入"命令，弹出"导入"对话框，选中本书云盘中"Ch04/ 休闲生活赏析 / 素材"中的"01"和"02"文件，如图 4-4 所示，单击"打开"按钮，将素材文件导入"项目"面板中，如图 4-5 所示。

（3）在"项目"面板中，选中"01"文件并将其拖曳到"时间线"面板中的"V1"轨道，弹出"剪辑不匹配警告"对话框，单击"保持现有设置"按钮，在保持现有序列设置的情况下将"01"文件放置在"V1"轨道中，如图 4-6 所示。选中"时间线"面板中的"01"文件。选择"效果控件"面板，展开"运动"栏，将"缩放"选项设置为67.0，如图4-7所示。

图 4-4   图 4-5

图 4-6   图 4-7

（4）在"项目"面板中，选中"02"文件并将其拖曳到"时间线"面板中的"A1"轨道，如图4-8所示。将鼠标指针放置在"02"文件的结束位置，当鼠标指针呈 状时，向左拖曳鼠标指针到"01"文件的结束位置，如图4-9所示。

图 4-8   图 4-9

（5）选中"时间线"面板中的"02"文件，如图4-10所示。将时间标签放置在01:24s的位置上，选择"效果控件"面板，展开"音量"栏，将"级别"选项设置为 −2.9dB，单击此选项左侧的"切换动画"按钮 ，如图4-11所示，记录第1个动画关键帧。

图 4-10   图 4-11

（6）将时间标签放置在 09:07s 的位置，在"效果控件"面板中，将"级别"选项设置为 2.6dB，如图 4-12 所示，记录第 2 个动画关键帧。将时间标签放置在 13:16s 的位置，在"效果控件"面板中，将"级别"选项设置为 -3.3dB，如图 4-13 所示，记录第 3 个动画关键帧。至此，休闲生活赏析制作完成。

图 4-12

图 4-13

4.1.2　使用淡化器调节音频

（1）在默认情况下，音频轨道面板卷展栏关闭，如图 4-14 所示。双击轨道左侧的空白处，展开音频轨道面板卷展栏，如图 4-15 所示。

图 4-14

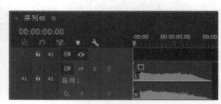
图 4-15

（2）选择"钢笔工具" ✍ 或"选择工具" ▶，使用该工具拖曳音频素材（或轨道）上的白线即可调整音量，如图 4-16 所示。

（3）按住 Ctrl 键的同时，将鼠标指针放置在音频淡化器上，鼠标指针将变为带有加号的箭头，单击即可添加关键帧，如图 4-17 所示。

（4）用户可以根据需要添加多个关键帧。单击并按住鼠标左键上下拖曳关键帧，关键帧之间的直线指示了音频素材是淡入还是淡出，其中，递增的直线表示音频淡入，递减的直线表示音频淡出，如图 4-18 所示。

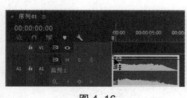
图 4-16

图 4-17

图 4-18

4.1.3　实时调节音频

使用 Premiere Pro CC 2019 的"音轨混合器"面板调节音量非常方便，用户可以在播放音频的同时进行音量调节。使用"音轨混合器"面板调节音频的具体操作步骤如下。

（1）在"时间线"面板轨道左侧单击 ◐ 按钮，在弹出的菜单中选择"轨道关键帧 > 音量"命令。

（2）在"音轨混合器"面板上方需要进行调节的轨道上单击"读取"下拉按钮，弹出其下拉列表，如图 4-19 所示。

（3）单击"播放 - 停止切换"按钮 ▶ / ■ ，"时间线"面板中的音频素材开始播放。拖曳音量控制滑杆进行调节，调节完成后，系统自动记录结果，如图 4-20 所示。

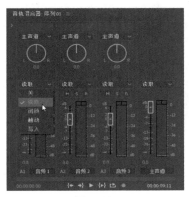

图 4-19 　　　　　　　　　　　　　图 4-20

4.2　合成音频

4.2.1　课堂案例——时尚音乐宣传片

【课堂案例学习目标】学习编辑音频并调整声道、速度与音调。

【课堂案例知识要点】使用"导入"命令导入素材文件，使用"效果控件"面板进行影视对象的缩放，使用"速度 / 持续时间"命令调整音频，使用"平衡"特效调整音频的左右声道。时尚音乐宣传片效果如图 4-21 所示。

【效果文件所在位置】Ch04/ 时尚音乐宣传片 / 时尚音乐宣传片 . prproj。

扫码观看
本案例视频

扫码观看
扩展案例

图 4-21

（1）启动 Premiere Pro CC 2019，选择"文件 > 新建 > 项目"命令，弹出"新建项目"对话框，如图 4-22 所示，单击"确定"按钮，新建项目。选择"文件 > 新建 > 序列"命令，弹出"新建序列"对话框，选择"设置"选项进行设置，相关设置如图 4-23 所示，单击"确定"按钮，新建序列。

図 4-22   図 4-23

（2）选择"文件 > 导入"命令，弹出"导入"对话框，选中本书云盘中"Ch04/ 时尚音乐宣传片 / 素材"中的"01"~"04"文件，如图 4-24 所示，单击"打开"按钮，将素材文件导入"项目"面板中，如图 4-25 所示。

図 4-24   図 4-25

（3）在"项目"面板中，选中"01"文件并将其拖曳到"时间线"面板中的"V1"轨道，弹出"剪辑不匹配警告"对话框，单击"保持现有设置"按钮，在保持现有序列设置的情况下将"01"文件放置在"V1"轨道中，如图 4-26 所示。将时间标签放置在 15:00s 的位置，将鼠标指针放置在"01"文件的结束位置，当鼠标指针呈◀状时，向左拖曳鼠标指针到 15:00s 的位置，如图 4-27 所示。

図 4-26   図 4-27

（4）选中"时间线"面板中的"01"文件，如图 4-28 所示。选择"效果控件"面板，展开"运动"栏，将"缩放"选项设置为 67.0，如图 4-29 所示。

（5）在"项目"面板中，选中"02"文件并将其拖曳到"时间线"面板中的"V1"轨道，如图 4-30 所示。选中"时间线"面板中的"02"文件。选择"效果控件"面板，展开"运动"栏，将"缩放"选项设置为 67.0，如图 4-31 所示。

图 4-28

图 4-29

图 4-30

图 4-31

（6）在"项目"面板中，选中"03"文件并将其拖曳到"时间线"面板中的"A1"轨道，如图 4-32 所示。选中"时间线"面板中的"03"文件。

（7）选择"剪辑 > 速度 / 持续时间"命令，弹出"剪辑速度 / 持续时间"对话框，进行相关设置，如图 4-33 所示，单击"确定"按钮，效果如图 4-34 所示。将鼠标指针放置在"03"文件的结束位置，当鼠标指针呈◄状时，向左拖曳鼠标指针到"02"文件的结束位置，如图 4-35 所示。

图 4-32

图 4-33

图 4-34

图 4-35

（8）在"项目"面板中，选中"04"文件并将其拖曳到"时间线"面板中的"A2"轨道，如图4-36所示。将鼠标指针放置在"04"文件的结束位置，当鼠标指针呈◀┃状时，向左拖曳鼠标指针到"03"文件的结束位置，如图4-37所示。

图4-36　　　　　　　　　　　图4-37

（9）在"效果"面板中，展开"音频效果"栏，选中"平衡"特效，如图4-38所示。将"平衡"特效拖曳到"时间线"面板"A1"轨道中的"03"文件上，如图4-39所示。

图4-38　　　　　　　　　　　图4-39

（10）选择"效果控件"面板，展开"平衡"栏，将"平衡"选项设置为50.0，如图4-40所示。将"平衡"特效拖曳到"时间线"面板"A2"轨道中的"04"文件上。选择"效果控件"面板，展开"平衡"栏，将"平衡"选项设置为-30.0，如图4-41所示。至此，时尚音乐宣传片制作完成。

图4-40　　　　　　　　　　　图4-41

4.2.2　调整音频持续时间和速度

与视频素材的编辑一样，在应用音频素材时，可以对其播放速度和持续时间进行设置，具体操作步骤如下。

（1）选中要调整的音频素材，选择"剪辑 > 速度 / 持续时间"命令，弹出"剪辑速度 / 持续时间"

对话框，在"持续时间"数值框中可以对音频素材的持续时间进行调整，如图 4-42 所示。

（2）在"时间线"面板中直接拖曳音频的边缘，可改变音频轨道上音频素材的长度。也可利用"剃刀工具" ，将音频素材多余的部分切除，如图 4-43 所示。

图 4-42　　　　　　　　　　　图 4-43

4.2.3　音频增益

音频增益指的是音频信号的声调。当一个视频片段同时拥有几个音频素材时，就需要平衡这几个素材的增益。因为如果一个素材的音频信号太高或太低，就会严重影响播放时的音频效果。设置音频增益的具体操作步骤如下。

（1）选中"时间线"面板中需要调整的素材，被选中的素材周围会出现灰色实线，如图 4-44 所示。

（2）选择"剪辑 > 音频选项 > 音频增益"命令，弹出"音频增益"对话框，将鼠标指针放置在相关数值上，当鼠标指针变为手形标记时，单击并按住鼠标左键左右拖曳，增益值将被改变，如图 4-45 所示。

（3）完成设置后，可以通过"源"窗口查看处理后的音频波形变化，播放修改后的音频素材，试听音频效果。

图 4-44　　　　　　　　　　　图 4-45

4.3　添加特效

4.3.1　课堂案例——个性女装展示

【课堂案例学习目标】学习制作音频的超重低音效果。

【课堂案例知识要点】使用"导入"命令导入素材文件，使用"效果控件"面板进行影视文件的缩放，使用"低通"和"低音"特效制作音频特效。个性女装展示效果如图 4-46 所示。

【效果文件所在位置】Ch04/ 个性女装展示 / 个性女装展示 .prproj。

扫码观看
本案例视频

图 4-46

（1）启动 Premiere Pro CC 2019，选择"文件 > 新建 > 项目"命令，弹出"新建项目"对话框，如图 4-47 所示，单击"确定"按钮，新建项目。选择"文件 > 新建 > 序列"命令，弹出"新建序列"对话框，选择"设置"选项进行设置，相关设置如图 4-48 所示，单击"确定"按钮，新建序列。

图 4-47   图 4-48

（2）选择"文件 > 导入"命令，弹出"导入"对话框，选中本书云盘中"Ch04/ 个性女装展示 / 素材"中的"01"和"02"文件，如图 4-49 所示，单击"打开"按钮，将素材文件导入"项目"面板中，如图 4-50 所示。

图 4-49   图 4-50

（3）在"项目"面板中，选中"01"文件并将其拖曳到"时间线"面板的"V1"轨道中，弹出"剪辑不匹配警告"对话框，单击"保持现有设置"按钮，在保持现有序列设置的情况下将"01"文件放置在"V1"轨道中，如图4-51所示。选中"时间线"面板中的"01"文件。选择"效果控件"面板，展开"运动"栏，将"缩放"选项设置为67.0，如图4-52所示。

图4-51   图4-52

（4）在"项目"面板中，选中"02"文件并将其拖曳到"时间线"面板中的"A1"轨道，如图4-53所示。将鼠标指针放置在"02"文件的结束位置，当鼠标指针呈 状时，向左拖曳鼠标指针到"01"文件的结束位置，如图4-54所示。

图4-53   图4-54

（5）在"效果"面板中，展开"音频效果"栏，选中"低音"特效，如图4-55所示。将"低音"特效拖曳到"时间线"面板"A1"轨道中的"02"文件上。选择"效果控件"面板，展开"低音"栏，将"提升"选项设置为10.0dB，如图4-56所示。

（6）在"效果"面板中，展开"音频效果"栏，选中"低通"特效，如图4-57所示。将"低通"特效拖曳到"时间线"面板"A1"轨道中的"02"文件上。选择"效果控件"面板，展开"低通"栏，将"屏蔽度"选项设置为5764.8Hz，如图4-58所示。至此，个性女装展示制作完成。

图4-55   图4-56   图4-57   图4-58

4.3.2 为素材添加效果

音频素材的特效添加方法与视频素材的特效添加方法相同，这里不再赘述。可以在"效果"面板中展开"音频效果"栏，分别在不同的音频特效文件夹中选择相应特效并进行设置即可，如图 4-59 所示。

在"音频过渡"栏中，Premiere Pro CC 2019 为音频素材提供了简单的切换方式，如图 4-60 所示。为音频素材添加切换的方法与为视频素材添加切换的方法相同。

图 4-59   图 4-60

4.3.3 设置轨道效果

除了可以对轨道上的音频素材进行特效设置外，还可以直接为音频轨道添加特效。在"音轨混合器"面板中，单击左上方的"显示 / 隐藏效果和发送"按钮，展开目标轨道的音频效果设置栏，单击设置栏右侧的下拉按钮，弹出音频效果下拉列表，如图 4-61 所示，选择需要使用的音频效果即可。可以在同一个音频轨道上添加多个音频效果并分别进行控制，如图 4-62 所示。

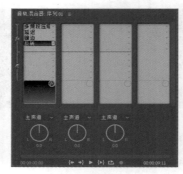

图 4-61   图 4-62

如果要调节轨道的音频效果，则可以单击鼠标右键，在弹出的快捷菜单中进行相关设置即可。例如，在弹出的快捷菜单中选择"编辑"命令，如图 4-63 所示，弹出轨道效果编辑器对话框，可在其中进行更加详细的设置，图 4-64 所示为"镶边"的轨道效果编辑器对话框。

图 4-63   图 4-64

课堂练习——自然美景赏析

【课堂练习知识要点】使用"导入"命令导入素材文件，使用"效果控件"面板进行影视文件的缩放及淡入淡出效果的设置，使用"阴影 / 高光"特效调整图像颜色，使用"低通"特效制作音频的低通效果。自然美景赏析效果如图4–65所示。

【效果文件所在位置】Ch04/ 自然美景赏析 / 自然美景赏析 . prproj。

图 4–65

课后习题——动物世界宣传片

【课后习题知识要点】使用"导入"命令导入素材文件，使用"效果控件"面板进行影视文件的缩放，使用"色阶"特效调整图像颜色，使用"时间线"面板调整音频的淡入淡出效果，使用"低通"特效制作音频的低通效果。动物世界宣传片效果如图4–66所示。

【效果文件所在位置】Ch04/ 动物世界宣传片 / 动物世界宣传片 . prproj。

图 4–66

第 5 章

05

剪辑

▶ **本章介绍**

　　本章将对 Premiere Pro CC 2019 中剪辑影片的基本技术和操作进行详细介绍，其中包括使用 Premiere Pro CC 2019 剪辑素材、分离素材和创建新元素等。通过本章的学习，读者可以掌握剪辑技术的使用方法和应用技巧。

学习目标

● 熟练掌握剪辑素材的技巧。

● 掌握分离素材的方法。

● 掌握创建新元素的方法。

技能目标

● 掌握"秀丽山河宣传片"的制作方法。

● 掌握"快乐假日赏析"的制作方法。

● 掌握"都市生活展示"的制作方法。

● 掌握"璀璨烟火赏析"的制作方法。

● 掌握"繁华都市赏析"的制作方法。

● 掌握"音乐节节目片头"的制作方法。

慕课视频

剪辑

5.1 剪辑素材

5.1.1 课堂案例——秀丽山河宣传片

【课堂案例学习目标】学习导入视频文件，并使用入点和出点剪辑视频。

【课堂案例知识要点】使用"导入"命令导入视频文件，使用入点和出点在"源"窗口中剪辑视频，使用"效果控件"面板编辑视频文件的大小。秀丽山河宣传片效果如图 5-1 所示。

【效果文件所在位置】Ch05/ 秀丽山河宣传片 / 秀丽山河宣传片 .prproj。

扫码观看
本案例视频

图 5-1

（1）启动 Premiere Pro CC 2019，选择"文件 > 新建 > 项目"命令，弹出"新建项目"对话框，如图 5-2 所示，单击"确定"按钮，新建项目。选择"文件 > 新建 > 序列"命令，弹出"新建序列"对话框，选择"设置"选项进行设置，相关设置如图 5-3 所示，单击"确定"按钮，新建序列。

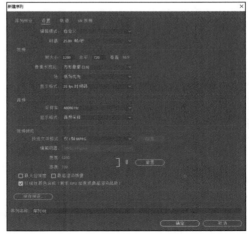

图 5-2   图 5-3

（2）选择"文件 > 导入"命令，弹出"导入"对话框，选中本书云盘中"Ch05/ 秀丽山河宣传片 / 素材"中的"01"～"05"文件，如图 5-4 所示，单击"打开"按钮，将素材文件导入"项目"面板中，如图 5-5 所示。

图 5-4 图 5-5

（3）鼠标左键双击"项目"面板中的"01"文件，在"源"窗口中打开"01"文件，如图 5-6 所示。将播放指示器放置在 02:24s 的位置，按 O 键，创建标记出点，如图 5-7 所示。

图 5-6 图 5-7

（4）将鼠标指针放置在"源"窗口中画面的位置，选中"源"窗口中的"01"文件并将其拖曳到"时间线"面板中的"V1"轨道，弹出"剪辑不匹配警告"对话框，如图 5-8 所示，单击"保持现有设置"按钮。将"01"文件放置在"V1"轨道中，如图 5-9 所示。

图 5-8 图 5-9

（5）鼠标左键双击"项目"面板中的"02"文件，在"源"窗口中打开"02"文件。将播放指示器放置在 0:15s 的位置，按 I 键，创建标记入点，如图 5-10 所示。将鼠标指针放置在"源"窗口中画面的位置，选中"源"窗口中的"02"文件并将其拖曳到"时间线"面板中的"V1"轨道，如图 5-11 所示。

（6）鼠标左键双击"项目"面板中的"03"文件，在"源"窗口中打开"03"文件。将播放指示器放置在 01:00s 的位置，按 I 键，创建标记入点，如图 5-12 所示。将播放指示器放置在 02:14s 的位置，按 O 键，创建标记出点，如图 5-13 所示。

（7）将鼠标指针放置在"源"窗口中画面的位置，选中"源"窗口中的"03"文件并将其拖曳到"时间线"面板中的"V1"轨道，如图 5-14 所示。

图 5-10

图 5-11

图 5-12

图 5-13

图 5-14

（8）鼠标左键双击"项目"面板中的"04"文件，在"源"窗口中打开"04"文件。将播放指示器放置在 0:10s 的位置，按 I 键，创建标记入点，如图 5-15 所示。将播放指示器放置在 03:09s 的位置，按 O 键，创建标记出点，如图 5-16 所示。

图 5-15

图 5-16

（9）将鼠标指针放置在"源"窗口中画面的位置，选中"源"窗口中的"04"文件并将其拖曳到"时间线"面板中的"V1"轨道，如图5-17所示。

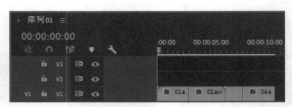

图5-17

（10）选中"时间线"面板中的"01"文件，如图5-18所示。选择"效果控件"面板，展开"运动"栏，将"缩放"选项设置为163.0，如图5-19所示。使用相同的方法选中其他文件，并调整"缩放"选项。

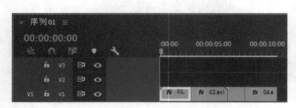

图5-18

图5-19

（11）在"项目"面板中，选中"05"文件并将其拖曳到"时间线"面板中的"V2"轨道，如图5-20所示。至此，秀丽山河宣传片制作完成。

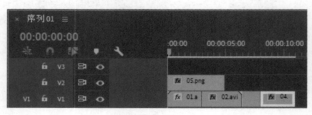

图5-20

5.1.2　入点和出点

在Premiere Pro CC 2019中，可以在"源"窗口中设置素材的入点和出点。素材开始帧的位置被称为入点，素材结束帧的位置被称为出点。

1．视频和音频同步设置

当为素材设置入点和出点时，对素材的音频和视频部分同时有效。在监视器窗口中创建标记入点和标记出点的具体操作步骤如下。

（1）在"项目"面板中双击要设置入点和出点的素材，在"源"窗口中将其打开。

（2）在"源"窗口中拖动时间标签⏸或按Space键，找到要使用的素材片段的开始位置。

（3）单击"源"窗口下方的"标记入点"按钮 ⟦ 或按 I 键，创建标记入点，如图 5-21 所示，"源"窗口中将显示当前素材的入点画面。

（4）继续播放影片，找到要使用的素材片段的结束位置。单击"源"窗口下方的"标记出点"按钮 ⟧ 或按 O 键，创建标记出点，如图 5-22 所示。入点和出点间显示为灰色，两点之间的片段即为入点与出点间的素材片段。

图 5-21　　　　　　　　　　　　　　　　图 5-22

（5）单击"转到入点"按钮 ⟦← ，可以自动跳转到影片的入点位置；单击"转到出点"按钮 →⟧ ，可以自动跳转到影片的出点位置。

2. 视频和音频单独设置

在 Premiere Pro CC 2019 中，可以为一个同时含有视频和音频的素材单独设置视频和音频部分的入点和出点。为素材的视频或音频部分单独设置入点和出点的具体操作步骤如下。

（1）在"源"窗口中打开要设置入点和出点的素材。

（2）在"源"窗口中拖动时间标签 ▭ 或按 Space 键，找到要使用的视频片段的开始位置。选择"标记 > 标记拆分"命令，弹出其子菜单，如图 5-23 所示。

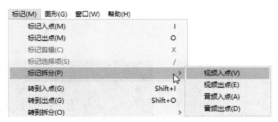

图 5-23

（3）在弹出的子菜单中选择"视频入点"或"视频出点"命令，为两点之间的视频部分设置入点和出点，如图 5-24 所示。继续播放影片，找到要使用的音频片段的开始或结束位置，选择"标记 > 标记拆分 > 音频入点"命令和"标记 > 标记拆分 > 音频出点"命令，为两点之间的音频部分设置入点和出点，如图 5-25 所示。

图 5-24　　　　　　　　　　　　　　　　图 5-25

5.1.3　课堂案例——快乐假日赏析

【课堂案例学习目标】学习导入视频文件并设置剪辑点。

【课堂案例知识要点】使用"导入"命令导入视频文件，使用剪辑点设置和拖曳剪辑素材，使用"效果控件"面板调整影视文件的位置及进行缩放。快乐假日赏析效果如图 5-26 所示。

【效果文件所在位置】Ch05/ 快乐假日赏析 / 快乐假日赏析 .prproj。

扫码观看
本案例视频

图 5-26

（1）启动 Premiere Pro CC 2019，选择"文件 > 新建 > 项目"命令，弹出"新建项目"对话框，如图 5-27 所示，单击"确定"按钮，新建项目。选择"文件 > 新建 > 序列"命令，弹出"新建序列"对话框，选择"设置"选项进行设置，相关设置如图 5-28 所示，单击"确定"按钮，新建序列。

图 5-27　　　　　　　　　　　　　　　　　图 5-28

（2）选择"文件 > 导入"命令，弹出"导入"对话框，选中本书云盘中"Ch05/ 快乐假日赏析 / 素材"中的"01"～"05"文件，如图 5-29 所示，单击"打开"按钮，将素材文件导入"项目"面板中，如图 5-30 所示。

（3）在"项目"面板中，选中"01"文件并将其拖曳到"时间线"面板中的"V1"轨道，弹出"剪辑不匹配警告"对话框，单击"保持现有设置"按钮，在保持现有序列设置的情况下将"01"文件放置在"V1"轨道中，如图 5-31 所示。选中"时间线"面板中的"01"文件。选择"效果控件"面板，展开"运动"栏，将"缩放"选项设置为 67.0，如图 5-32 所示。

图 5-29

图 5-30

图 5-31

图 5-32

（4）将时间标签放置在 01:00s 的位置。在"项目"面板中，选中"02"文件并将其拖曳到"时间线"面板中的"V2"轨道，如图 5-33 所示。将鼠标指针放置在"02"文件的结束位置并单击，显示编辑点，如图 5-34 所示。

图 5-33

图 5-34

（5）当鼠标指针呈 ◄ 状时，向右拖曳鼠标指针到"01"文件的结束位置，如图 5-35 所示。选中"时间线"面板中的"02"文件。选择"效果控件"面板，展开"运动"栏，将"位置"选项设置为 243.0 和 587.0，"缩放"选项设置为 50.0，如图 5-36 所示。

图 5-35

图 5-36

（6）将时间标签放置在03:00s的位置。在"项目"面板中，选中"03"文件并将其拖曳到"时间线"面板中的"V3"轨道，如图5-37所示。将鼠标指针放置在"03"文件的结束位置并单击，显示编辑点，如图5-38所示。

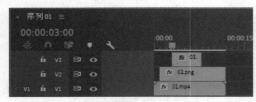

图 5-37

图 5-38

（7）将时间标签放置在12:00s的位置，按E键，将所选编辑点扩展到时间标签所在的位置，如图5-39所示。将时间标签放置在03:00s的位置。选中"时间线"面板中的"03"文件。选择"效果控件"面板，展开"运动"栏，将"位置"选项设置为509.0和589.0，"缩放"选项设置为50.0，如图5-40所示。

图 5-39

图 5-40

（8）选择"序列 > 添加轨道"命令，弹出"添加轨道"对话框，进行相关设置，如图5-41所示，单击"确定"按钮，在"时间线"面板中添加了2条视频轨道，如图5-42所示。

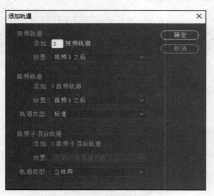

图 5-41

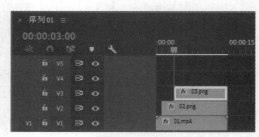

图 5-42

（9）将时间标签放置在05:00s的位置。在"项目"面板中，选中"04"文件并将其拖曳到"时间线"面板中的"V4"轨道，如图5-43所示。将鼠标指针放置在"04"文件的结束位置并单击，显示编辑点。当鼠标指针呈 🔡 状时，向右拖曳鼠标指针到"03"文件的结束位置，如图5-44所示。

（10）选中"时间线"面板中的"04"文件。选择"效果控件"面板，展开"运动"栏，将"位置"选项设置为789.0和576.0，"缩放"选项设置为50.0，如图5-45所示。此时，"节目"窗口中的效果如图 5-46 所示。

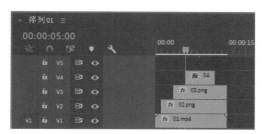

图 5-43

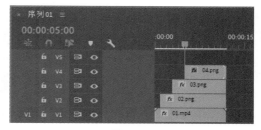

图 5-44

图 5-45

图 5-46

（11）将时间标签放置在 07:13s 的位置。在"项目"面板中，选中"05"文件并将其拖曳到"时间线"面板中的"V5"轨道，如图 5-47 所示。将鼠标指针放置在"05"文件的结束位置并单击，显示编辑点。当鼠标指针呈◀状时，向左拖曳鼠标指针到"04"文件的结束位置，如图 5-48 所示。

图 5-47

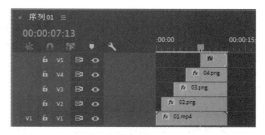

图 5-48

（12）选中"时间线"面板中的"05"文件。选择"效果控件"面板，展开"运动"栏，将"位置"选项设置为 1054.0 和 573.0，"缩放"选项设置为 50.0，如图 5-49 所示。此时，"节目"窗口中的效果如图 5-50 所示。至此，快乐假日赏析制作完成。

图 5-49

图 5-50

5.1.4　设置剪辑点

在 Premiere Pro CC 2019 中，可以通过在"时间线"面板中增加或删除帧来剪辑素材，以改变素材的长度。通过设置剪辑点剪辑素材的具体操作步骤如下。

（1）将"项目"面板中要剪辑的素材拖曳到"时间线"面板中。

（2）将"时间线"面板中的时间标签 ▓ 放置在要剪辑的位置，如图 5-51 所示。

（3）将鼠标指针放置在素材文件的开始位置，当鼠标指针呈 ▶ 状时单击，显示编辑点，如图 5-52 所示。

图 5-51

图 5-52

（4）向右拖曳鼠标指针到时间标签 ▓ 所在的位置，如图 5-53 所示，效果如图 5-54 所示。

图 5-53

图 5-54

（5）将"时间线"面板中的时间标签 ▓ 再次放置在要剪辑的位置。将鼠标指针放置在素材文件的结束位置，当鼠标指针呈 ◀ 状时单击，显示编辑点，如图 5-55 所示。按 E 键，将所选编辑点扩展到时间标签 ▓ 所在的位置，如图 5-56 所示。

图 5-55

图 5-56

5.1.5　课堂案例——都市生活展示

【课堂案例学习目标】学习调整视频播放速度和持续时间。

【课堂案例知识要点】使用"导入"命令导入视频文件，使用"速度／持续时间"命令调整视频播放速度，使用"切割工具"切割素材文件，使用"基本图形"面板添加图形文本。都市生活展示效果如图 5-57 所示。

【效果文件所在位置】Ch05/ 都市生活展示 / 都市生活展示 . prproj。

扫码观看
本案例视频

图 5-57

（1）启动 Premiere Pro CC 2019，选择"文件 > 新建 > 项目"命令，弹出"新建项目"对话框，如图 5-58 所示，单击"确定"按钮，新建项目。选择"文件 > 新建 > 序列"命令，弹出"新建序列"对话框，选择"设置"选项进行设置，相关设置如图 5-59 所示，单击"确定"按钮，新建序列。

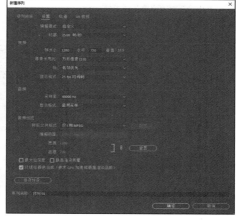

图 5-58　　　　　　　　　　　　　　　　　　　图 5-59

（2）选择"文件 > 导入"命令，弹出"导入"对话框，选中本书云盘中的"Ch05/ 都市生活展示 / 素材 /01"文件，如图 5-60 所示，单击"打开"按钮，将素材文件导入"项目"面板中，如图 5-61 所示。

图 5-60　　　　　　　　　　　　　　　　　　　图 5-61

（3）在"项目"面板中，选中"01"文件并将其拖曳到"时间线"面板中的"V1"轨道，弹出"剪辑不匹配警告"对话框，单击"保持现有设置"按钮，在保持现有序列设置的情况下将"01"文件放置在"V1"轨道中，如图5-62所示。将时间标签放置在10:00s的位置，选择"工具"面板中的"剃刀工具" ◆，在"01"文件上单击以切割素材影片，如图5-63所示。

图 5-62   图 5-63

（4）选择"工具"面板中的"选择工具" ▶，选中切割后左侧的素材影片。选择"剪辑 > 速度 / 持续时间"命令，弹出"剪辑速度 / 持续时间"对话框，进行相关设置，如图5-64所示，单击"确定"按钮，效果如图5-65所示。

图 5-64   图 5-65

（5）选择"编辑 > 复制"命令，复制切割后左侧的"01"文件。将时间标签放置在03:08s的位置，选择"编辑 > 粘贴"命令，粘贴复制的文件，如图5-66所示。选择"剪辑 > 速度 / 持续时间"命令，弹出"剪辑速度 / 持续时间"对话框，进行相关设置，如图5-67所示，单击"确定"按钮，倒放文件。

图 5-66   图 5-67

（6）选中"V1"轨道中右侧的"01"文件，将其拖曳到中部"01"文件的结束位置，如图5-68所示。将时间标签放置在10:00s的位置，选择"工具"面板中的"剃刀工具" ◆，在"01"文件上单击以切割素材影片，如图5-69所示。

（7）选择"工具"面板中的"选择工具" ▶，选中切割后右侧的素材影片。按Delete键，删除文件，效果如图5-70所示。

图 5-68

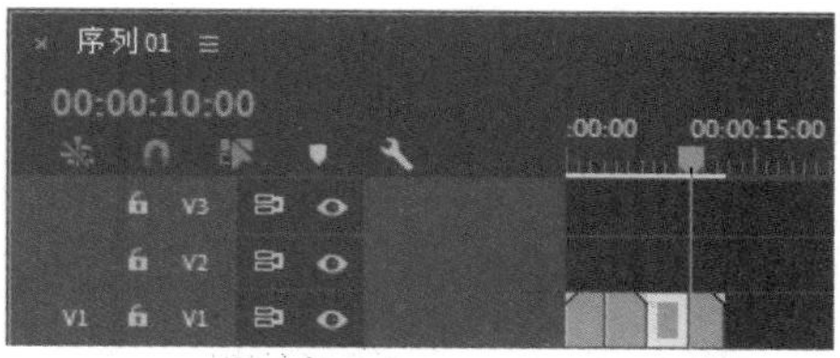

图 5-69

图 5-70

（8）将时间标签放置在0s的位置。选择"基本图形"面板，选择"编辑"选项卡，单击"新建图层"按钮，在弹出的菜单中选择"文本"命令，如图5-71所示。在"时间线"面板的"V2"轨道中生成"新建文本图层"文件，如图5-72所示。此时，"节目"窗口中的效果如图5-73所示。在"节目"窗口中修改文字，效果如图5-74所示。

图 5-71

图 5-72

图 5-73

图 5-74

（9）在"基本图形"面板中选中"生活在……"图层，"对齐并变换"栏中选项的设置如图5-75所示，"文本"栏中选项的设置如图5-76所示。此时，"节目"窗口中的效果如图5-77所示。将时间标签放置在05:00s的位置，编辑并制作另一个文本，效果如图5-78所示。至此，都市生活展示制作完成。

图 5-75

图 5-76

图 5-77   图 5-78

5.1.6　速度 / 持续时间

在 Premiere Pro CC 2019 中，可以根据需求随意更改片段的播放速度。其具体操作步骤如下。

（1）在"时间线"面板中的某一个文件上单击鼠标右键，在弹出的快捷菜单中选择"速度 / 持续时间"命令，弹出"剪辑速度 / 持续时间"对话框，如图 5-79 所示。

"速度"：在此设置播放速度的百分比，以此决定影片的播放速度。

"持续时间"：单击其右侧的时间码，当时间码如图 5-80 所示时，在此导入时间值。时间值越长，影片播放的速度越慢；时间值越短，影片播放的速度越快。

"倒放速度"：勾选此复选框，影片片段将向反方向播放。

"保持音频音调"：勾选此复选框，将保持影片片段的音频播放速度不变。

"波纹编辑，移动尾部剪辑"：勾选此复选框，剪辑后方的影片素材将保持跟随。

"时间插值"：其下拉列表中包含帧采样、帧混合和光流法 3 个选项。

图 5-79   图 5-80

（2）设置完成后，单击"确定"按钮，完成更改持续时间的操作，返回到 Premiere Pro CC 2019 的主页面。

5.2　分离素材

5.2.1　课堂案例——璀璨烟火赏析

【课堂案例学习目标】学习将图像插入到时间线面板中并对视频进行切割。

【课堂案例技术要点】使用"导入"命令导入视频文件，使用"插入"按钮插入视频文件，使用"剃刀工具"切割影片，使用"基本图形"面板添加文本。璀璨烟火赏析效果如图 5-81 所示。

【效果文件所在位置】Ch05/ 璀璨烟火赏析 / 璀璨烟火赏析 . prproj。

扫码观看
本案例视频

扫码观看
扩展案例

图 5-81

（1）启动 Premiere Pro CC 2019，选择"文件 > 新建 > 项目"命令，弹出"新建项目"对话框，如图 5-82 所示，单击"确定"按钮，新建项目。选择"文件 > 新建 > 序列"命令，弹出"新建序列"对话框，选择"设置"选项进行放置，相关设置如图 5-83 所示，单击"确定"按钮，新建序列。

图 5-82

图 5-83

（2）选择"文件 > 导入"命令，弹出"导入"对话框，选中本书云盘中"Ch05/ 璀璨烟火赏析 / 素材"中的"01"和"02"文件，如图 5-84 所示，单击"打开"按钮，将素材文件导入"项目"面板中，如图 5-85 所示。

图 5-84

图 5-85

（3）在"项目"面板中，选中"01"文件并将其拖曳到"时间线"面板中的"V1"轨道，弹出"剪辑不匹配警告"对话框，单击"保持现有设置"按钮，在保持现有序列设置的情况下将"01"文件放置在"V1"轨道中，如图5-86所示。选中"时间线"面板中的"01"文件。选择"效果控件"面板，展开"运动"栏，将"缩放"选项设置为67.0，如图5-87所示。

图 5-86　　　　　　　　　　　图 5-87

（4）将时间标签放置在10:00s的位置，选择"工具"面板中的"剃刀工具" ，在"01"文件上单击以切割素材影片，如图5-88所示。选择工具面板中的"选择工具" ，选中切割后右侧的素材影片，按Delete键，删除文件，效果如图5-89所示。

图 5-88　　　　　　　　　　　图 5-89

（5）将时间标签放置在03:00s的位置，如图5-90所示。在"项目"面板中的"02"文件上单击鼠标右键，在弹出的快捷菜单中选择"插入"命令，在"时间线"面板中插入"02"文件，如图5-91所示。

图 5-90　　　　　　　　　　　图 5-91

（6）将时间标签放置在08:00s的位置，选择工具面板中的"剃刀工具" ，在"02"文件上单击以切割素材影片，如图5-92所示。选择工具面板中的"选择工具" ，选中切割后右侧的素材影片，按Delete键，删除文件，效果如图5-93所示。

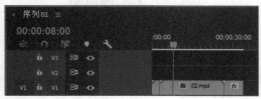

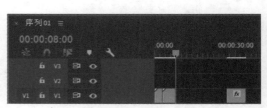

图 5-92　　　　　　　　　　　图 5-93

（7）选中"V1"轨道中右侧的"01"文件，将其拖曳到"02"文件的结束位置，如图 5-94 所示。选中"时间线"面板中的"02"文件。选择"效果控件"面板，展开"运动"栏，将"缩放"选项设置为 67.0，如图 5-95 所示。

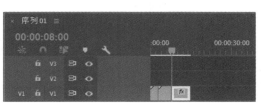

图 5-94　　　　　　　　　　　　　　　　图 5-95

（8）将时间标签放置在 0s 的位置。选择"基本图形"面板，选择"编辑"选项卡，单击"新建图层"按钮 ，在弹出的菜单中选择"文本"命令，如图 5-96 所示。在"时间线"面板中的"V2"轨道中生成"新建文本图层"文件，如图 5-97 所示。此时，"节目"窗口中的效果如图 5-98 所示。在"节目"窗口中修改文字，效果如图 5-99 所示。

图 5-96　　　　　　　　　　　　　　图 5-97

图 5-98　　　　　　　　　　　　　　图 5-99

（9）在"基本图形"面板中选中"烟火"文字图层，"对齐并变换"栏中选项的设置如图 5-100 所示，"文本"栏中选项的设置如图 5-101 所示。此时，"节目"窗口中的效果如图 5-102 所示。至此，璀璨烟火赏析制作完成。

图 5-100　　　　　　　　　　　　　　图 5-101

图 5-102

5.2.2 切割素材

在 Premiere Pro CC 2019 中，当素材被添加到"时间线"面板的轨道中后，可以使用"工具"面板中的"剃刀工具"对此素材进行分割。切割素材的具体操作步骤如下。

（1）在"时间线"面板中添加要切割的素材。

（2）选择"工具"面板中的"剃刀工具" ✦ ，将鼠标指针放置在需要切割的位置并单击，该素材即被切割为两个素材，每一个素材都有独立的长度以及入点与出点，如图 5-103 所示。

（3）如果要将多个轨道中的素材在同一点进行分割，则应按住 Shift 键，显示多重刀片，轨道中未锁定的素材都在该位置被分割为两部分，如图 5-104 所示。

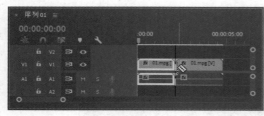

图 5-103

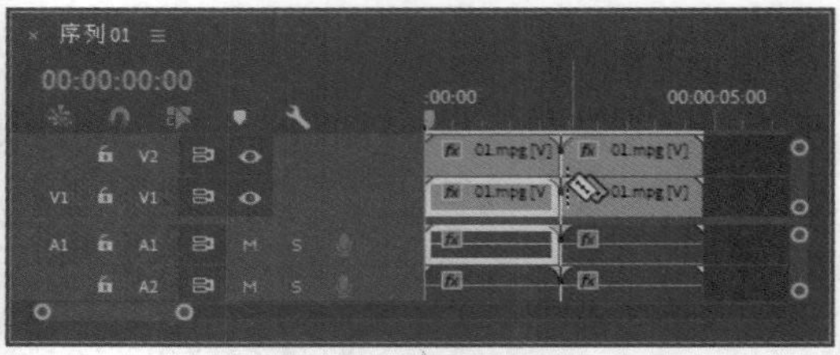

图 5-104

5.2.3 插入和覆盖编辑

"插入"按钮 🔁 和"覆盖"按钮 🔁 可以将"源"窗口中的片段直接插入到"时间线"面板的时间标签 所在位置的当前轨道中。

1. 插入编辑

使用"插入"按钮插入素材的具体操作步骤如下。

（1）在"源"窗口中选中要插入"时间线"面板的素材。

（2）在"时间线"面板中将时间标签 放置在需要插入素材的时间点，如图 5-105 所示。

（3）单击"源"窗口下方的"插入"按钮 🔁 ，将选中的素材插入到"时间线"面板中，选中的素材会直接插入到时间标签所在的位置，把原有素材分为两段，原有素材的后半部分将会向后推移，接在新素材之后，效果如图 5-106 所示。

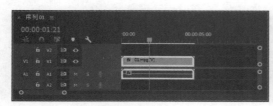

图 5-105

图 5-106

2．覆盖编辑

使用"覆盖"按钮插入素材的具体操作步骤如下。

（1）在"源"窗口中选中要插入"时间线"面板的素材。

（2）在"时间线"面板中将时间标签![]放置在需要插入素材的时间点。

（3）单击"源"窗口下方的"覆盖"按钮![]，将选中的素材插入"时间线"面板中，选中的素材会在时间标签![]所在位置覆盖原有素材，如图 5-107 所示。

图 5-107

5.2.4　提升和提取编辑

使用"提升"按钮![]和"提取"按钮![]可以在"时间线"面板的指定轨道中删除指定的一段节目。

1．提升编辑

使用"提升"按钮的具体操作步骤如下。

（1）在"节目"窗口中为素材需要提取的部分设置入点、出点。设置的入点和出点同时显示在"时间线"面板的标尺上，如图 5-108 所示。

（2）单击"节目"窗口下方的"提升"按钮![]，入点和出点之间的素材被删除，删除后的区域为空白，如图 5-109 所示。

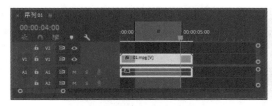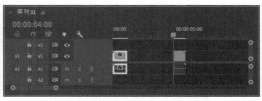

图 5-108　　　　　　　　　　　　　　　　图 5-109

2．提取编辑

使用"提取"按钮的具体操作步骤如下。

（1）在"节目"窗口中为素材需要提取的部分设置入点、出点。设置的入点和出点同时显示在"时间线"面板的标尺上。

（2）单击"节目"窗口下方的"提取"按钮![]，入点和出点之间的素材被删除，其后面的素材自动前移，填补空缺，如图 5-110 所示。

图 5-110

5.2.5　课堂案例——繁华都市赏析

【课堂案例学习目标】学习调整视音频链接。

【课堂案例知识要点】使用"导入"命令导入视频文件，使用"链接"和"取消链接"命令调整素材文件的视音频链接，使用"基本图形"面板添加文本。繁华都市赏析效果如图 5–111 所示。

【效果文件所在位置】Ch05/ 繁华都市赏析 / 繁华都市赏析 .prproj。

图 5–111

（1）启动 Premiere Pro CC 2019，选择"文件 > 新建 > 项目"命令，弹出"新建项目"对话框，如图 5–112 所示，单击"确定"按钮，新建项目。选择"文件 > 新建 > 序列"命令，弹出"新建序列"对话框，选择"设置"选项进行设置，相关设置如图 5–113 所示，单击"确定"按钮，新建序列。

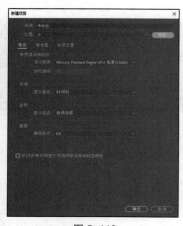

图 5–112　　　　　　　　　　　　　图 5–113

（2）选择"文件 > 导入"命令，弹出"导入"对话框，选中本书云盘中"Ch05/ 繁华都市赏析 / 素材"中的"01"和"02"文件，如图 5–114 所示，单击"打开"按钮，将素材文件导入"项目"面板中，如图 5–115 所示。

（3）在"项目"面板中，选中"01"文件并将其拖曳到"时间线"面板中的"V1"轨道，弹出"剪辑不匹配警告"对话框，单击"保持现有设置"按钮，在保持现有序列设置的情况下将"01"文件放置在"V1"轨道中，如图 5–116 所示。在"时间线"面板中的"01"文件上单击鼠标右键，在弹出的快捷菜单中选择"取消链接"命令，取消视音频的链接，如图 5–117 所示。

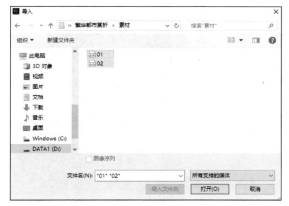

图 5-114

图 5-115

图 5-116

图 5-117

（4）选中上方的视频文件，按 Delete 键，删除文件，如图 5-118 所示。在"项目"面板中，选中"02"文件并将其拖曳到"时间线"面板中的"V1"轨道，如图 5-119 所示。

图 5-118

图 5-119

（5）将鼠标指针放置在"01"文件的结束位置并单击，显示编辑点，当鼠标指针呈 状时，向左拖曳鼠标指针到"02"文件的结束位置，如图 5-120 所示。按住 Shift 键的同时，选中"时间线"面板中的"01"和"02"文件，如图 5-121 所示。

图 5-120

图 5-121

（6）在"时间线"面板中选中的文件上单击鼠标右键，在弹出的快捷菜单中选择"链接"命令，链接视音频，如图 5-122 所示。选中"时间线"面板中链接的文件。选择"效果控件"面板，展开"运动"栏，将"缩放"选项设置为 67.0，如图 5-123 所示。

图 5-122   图 5-123

（7）将时间标签放置在 0s 的位置。选择"基本图形"面板，选择"编辑"选项卡，单击"新建图层"按钮，在弹出的菜单中选择"文本"命令，如图 5-124 所示。在"时间线"面板中的"V2"轨道中会生成"新建文本图层"文件，如图 5-125 所示。此时，"节目"窗口中的效果如图 5-126 所示。

（8）将鼠标指针放置在图层文件的结束位置并单击，显示编辑点，当鼠标指针呈 ◄► 状时，向右拖曳鼠标指针到"02"文件的结束位置，如图 5-127 所示。

图 5-124   图 5-125

图 5-126

图 5-127

（9）在"节目"窗口中修改文字，效果如图 5-128 所示。在"基本图形"面板中选中"繁华都市"图层，"对齐并变换"栏中选项的设置如图 5-129 所示，"文本"栏中选项的设置如图 5-130 所示。此时，"节目"窗口中的效果如图 5-131 所示。至此，繁华都市赏析制作完成。

图 5-128

图 5-129

图 5-130

图 5-131

5.2.6 粘贴素材

Premiere Pro CC 2019 提供了标准的 Windows 编辑命令，用于剪切、复制和粘贴素材，这些命令都在"编辑"菜单中。使用"粘贴插入"命令的具体操作步骤如下。

（1）选中"时间线"面板中的素材，选择"编辑 > 复制"命令。

（2）在"时间线"面板中将时间标签放置在需要粘贴素材的位置，如图 5-132 所示。

（3）选择"编辑 > 粘贴插入"命令，复制的影片即可被粘贴到时间标签所在的位置，其后的影片会自动后移，如图 5-133 所示。

图 5-132

图 5-133

5.2.7 分离和链接素材

分离素材的具体操作步骤如下。

（1）在"时间线"面板中选择链接的视频素材。

（2）单击鼠标右键，在弹出的快捷菜单中选择"取消链接"命令，即可分离素材的音频和视频部分。

链接素材的具体操作步骤如下。

（1）在"时间线"面板中框选要进行链接的视频和音频片段。

（2）单击鼠标右键，在弹出的快捷菜单中选择"链接"命令，视频和音频片段即可被链接在一起。

链接在一起的素材被分离后，分别移动音频和视频部分使其错位，再将其链接在一起，系统会在片段上标记警告并标识错位的时间，如图 5-134 所示，其中，负值表示向前偏移，正值表示向后偏移。

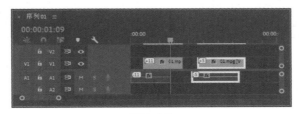

图 5-134

5.3 创建新元素

5.3.1 课堂案例——音乐节节目片头

【课堂案例学习目标】学习制作通用倒计时片头。

【课堂案例知识要点】使用"导入"命令导入视频文件,使用"通用倒计时片头"命令制作通用倒计时片头。音乐节节目片头效果如图 5-135 所示。

【效果文件所在位置】Ch05/ 音乐节节目片头 / 音乐节节目片头 . prproj。

扫码观看
本案例视频

扫码观看
扩展案例

图 5-135

（1）启动 Premiere Pro CC 2019,选择"文件 > 新建 > 项目"命令,弹出"新建项目"对话框,如图 5-136 所示,单击"确定"按钮,新建项目。选择"文件 > 新建 > 序列"命令,弹出"新建序列"对话框,选择"设置"选项进行设置,相关设置如图 5-137 所示,单击"确定"按钮,新建序列。

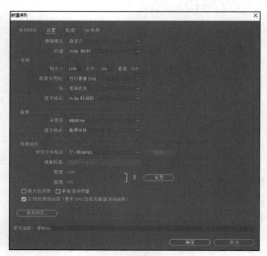

图 5-136   图 5-137

（2）选择"文件 > 导入"命令,弹出"导入"对话框,选中本书云盘中的"Ch05/ 音乐节节目片头 / 素材 /01"文件,如图 5-138 所示,单击"打开"按钮,将素材文件导入"项目"面板中,如图 5-139 所示。

图 5-138   图 5-139

（3）在"项目"面板中单击"新建项"按钮 ，在弹出的菜单中选择"通用倒计时片头"命令，弹出"新建通用倒计时片头"对话框，如图 5-140 所示，单击"确定"按钮。弹出"通用倒计时设置"对话框，将"擦除颜色"设置为橙色（227、176、0），"背景色"设置为红色（217、14、14），"线条颜色"设置为黑色（0、0、0），"目标颜色"设置为贝色（240、240、240），"数字颜色"设置为黑色（0、0、0），其他选项的设置如图 5-141 所示，设置完成后单击"确定"按钮。

（4）在"项目"面板中生成"通用倒计时片头"文件，如图 5-142 所示。选中"通用倒计时片头"文件并将其拖曳到"时间线"面板中的"V1"轨道，如图 5-143 所示。

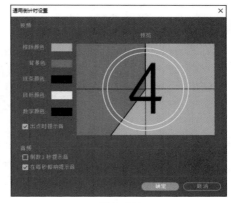

图 5-140   图 5-141

图 5-142   图 5-143

（5）选中"02"文件并将其拖曳到"时间线"面板中的"V1"轨道，如图 5-144 所示。选中"时间线"面板中的"01"文件。选择"效果控件"面板，展开"运动"栏，将"缩放"选项设置为 67.0，如图 5-145 所示。至此，音乐节节目片头制作完成。

图 5-144　　　　　　　　　　　　　　图 5-145

5.3.2　通用倒计时片头

通用倒计时片头通常用于影片开始前的倒计时准备。Premiere Pro CC 2019 为用户提供了现成的通用倒计时片头，用户可以非常便捷地创建一个标准的倒计时素材，并可以在 Premiere Pro CC 2019 中随时对其进行修改，如图 5-146 所示。创建倒计时素材的具体操作步骤如下。

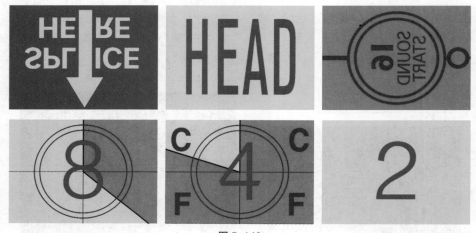

图 5-146

（1）单击"项目"面板下方的"新建项"按钮█，在弹出的菜单中选择"通用倒计时片头"命令，弹出"新建通用倒计时片头"对话框，如图 5-147 所示。设置完成后，单击"确定"按钮，弹出"通用倒计时设置"对话框，如图 5-148 所示。

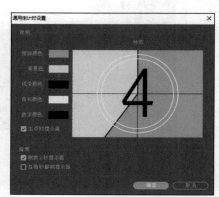

图 5-147　　　　　　　　　　　　　　图 5-148

（2）设置完成后，单击"确定"按钮，Premiere Pro CC 2019 自动将该倒计时片头加入"项目"面板中。

（3）在"项目"面板或"时间线"面板中双击倒计时素材，随时可以在弹出的"通用倒计时设置"对话框中进行修改。

5.3.3　彩条和黑场

1. 彩条

Premiere Pro CC 2019 可以为影片在开始前加入一段彩条，如图 5-149 所示。

在"项目"面板下方单击"新建项"按钮 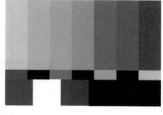，在弹出的菜单中选择"彩条"命令，即可创建彩条。

图 5-149

2. 黑场

Premiere Pro CC 2019 可以在影片中创建一段黑场。在"项目"面板下方单击"新建项"按钮 ，在弹出的菜单中选择"黑场"命令，即可创建黑场。

5.3.4　彩色蒙版

Premiere Pro CC 2019 还可以为影片创建一个彩色蒙版。用户可以将彩色蒙版当作背景，也可利用"不透明度"命令来设定与其相关的色彩的透明度。其具体操作步骤如下。

（1）在"项目"面板下方单击"新建项"按钮 ，在弹出的菜单中选择"颜色遮罩"选项，弹出"新建颜色遮罩"对话框，如图 5-150 所示。进行参数设置后，单击"确定"按钮，弹出"拾色器"对话框，如图 5-151 所示。

图 5-150

图 5-151

（2）在"拾色器"对话框中选中蒙版所要使用的颜色，单击"确定"按钮。

（3）在"项目"面板或"时间线"面板中双击彩色蒙版，随时可以在弹出的"拾色器"对话框中进行修改。

5.3.5　透明视频

在 Premiere Pro CC 2019 中，用户可以创建一个透明的视频层，它能够将特效应用到一系列的影片剪辑中而无须重复地复制和粘贴属性。只要将一个特效应用到透明视频轨道中，特效结果就会自动出现在其下的所有视频轨道中。

课堂练习——健康生活宣传片

【课堂练习知识要点】使用"导入"命令导入视频文件,使用"剃刀工具"切割视频素材,使用剪辑点拖曳剪辑素材,使用"插入"命令插入素材文件。健康生活宣传片效果如图 5-152 所示。

【效果文件所在位置】Ch05/ 健康生活宣传片 / 健康生活宣传片 . prproj。

扫码观看
本案例视频

图 5-152

课后习题——篮球公园宣传片

【课后习题知识要点】使用"导入"命令导入视频文件,使用"剃刀工具"切割视频素材,使用"插入"命令插入素材文件,使用"新建"命令新建HD彩条。篮球公园宣传片效果如图 5-153 所示。

【效果文件所在位置】Ch05/ 篮球公园宣传片 / 篮球公园宣传片 . prproj。

扫码观看
本案例视频

图 5-153

第6章

06

转场

▶ **本章介绍**

　　本章将介绍在 Premiere Pro CC 2019 的影片素材或静止图像素材之间建立丰富多彩的切换特效的方法。每一个图像切换的控制方式具有多个可调节的选项。本章内容对于影视剪辑中的镜头切换有着非常实用的意义，它可以使剪辑的画面更加富于变化，更加生动多彩。

学习目标

● 掌握转场特效的设置。
● 熟练掌握高级转场特效的应用和设置。

技能目标

● 掌握"时尚女孩电子相册"的制作方法。
● 掌握"美食创意混剪"的制作方法。
● 掌握"自驾网宣传片"的制作方法。
● 掌握"陶瓷艺术宣传片"的制作方法。

慕课视频
转场

6.1 应用转场

6.1.1 课堂案例——时尚女孩电子相册

【课堂案例学习目标】学习使用转场过渡制作图像转场效果。

【课堂案例知识要点】使用"导入"命令导入素材文件，使用"立方体旋转"特效、"圆划像"特效、"楔形擦除"特效、"百叶窗"特效、"风车"特效和"插入"特效制作图片之间的过渡效果，使用"效果控件"面板调整视频文件的大小。时尚女孩电子相册如图6-1所示。

【效果文件所在位置】Ch06/时尚女孩电子相册/时尚女孩电子相册.prproj。

扫码观看
本案例视频

扫码观看
扩展案例

图6-1

（1）启动 Premiere Pro CC 2019，选择"文件 > 新建 > 项目"命令，弹出"新建项目"对话框，如图6-2所示，单击"确定"按钮，新建项目。选择"文件 > 新建 > 序列"命令，弹出"新建序列"对话框，选择"设置"选项进行设置，相关设置如图6-3所示，单击"确定"按钮，新建序列。

图6-2 图6-3

（2）选择"文件 > 导入"命令，弹出"导入"对话框，选中本书云盘中"Ch06/时尚女孩电子相册/素材"中的"01"~"05"文件，如图6-4所示，单击"打开"按钮，将素材文件导入"项目"面板中，如图6-5所示。

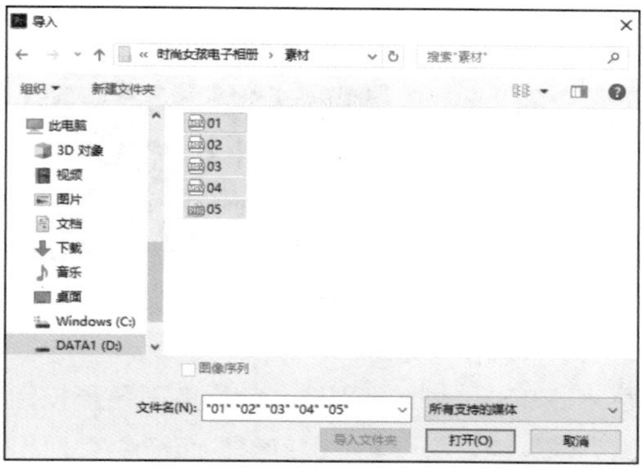

图 6-4

图 6-5

（3）在"项目"面板中，选中"01"~"04"文件并将其拖曳到"时间线"面板中的"V1"轨道，弹出"剪辑不匹配警告"对话框，单击"保持现有设置"按钮，在保持现有序列设置的情况下将文件放置在"V1"轨道中，如图 6-6 所示。选中"时间线"面板中的"01"文件。选择"效果控件"面板，展开"运动"栏，将"缩放"选项设置为 67.0，如图 6-7 所示。用相同的方法调整其他素材文件的缩放效果。

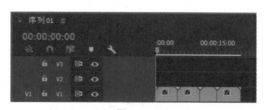

图 6-6

图 6-7

（4）在"项目"面板中，选中"05"文件并将其拖曳到"时间线"面板中的"V2"轨道，如图 6-8 所示。选中"时间线"面板中的"05"文件。选择"效果控件"面板，展开"运动"栏，将"缩放"选项设置为 130.0，如图 6-9 所示。

图 6-8

图 6-9

（5）在"效果"面板中，展开"视频过渡"栏，单击"3D 运动"文件夹前面的三角形按钮 将其展开，选中"立方体旋转"特效，如图 6-10 所示。将"立方体旋转"特效拖曳到"时间线"面板中"V1"轨道的"01"文件的开始位置，如图 6-11 所示。

图 6-10

图 6-11

（6）在"效果"面板中，展开"视频过渡"栏，单击"划像"文件夹前面的三角形按钮▷将其展开，选中"圆划像"特效，如图 6-12 所示。将"圆划像"特效拖曳到"时间线"面板中"V1"轨道的"01"文件的结束位置与"02"文件的开始位置，如图 6-13 所示。

图 6-12

图 6-13

（7）在"效果"面板中，展开"视频过渡"栏，单击"擦除"文件夹前面的三角形按钮▷将其展开，选中"楔形擦除"特效，如图 6-14 所示。将"楔形擦除"特效拖曳到"时间线"面板中"V1"轨道的"02"文件的结束位置与"03"文件的开始位置，如图 6-15 所示。

图 6-14

图 6-15

（8）在"效果"面板中，展开"视频过渡"栏，单击"擦除"文件夹前面的三角形按钮▷将其展开，选中"百叶窗"特效，如图 6-16 所示。将"百叶窗"特效拖曳到"时间线"面板中"V1"轨道的"03"文件的结束位置与"04"文件的开始位置，如图 6-17 所示。

图 6-16

图 6-17

（9）在"效果"面板中，展开"视频过渡"栏，单击"擦除"文件夹前面的三角形按钮▶将其展开，选中"风车"特效，如图 6-18 所示。将"风车"特效拖曳到"时间线"面板中"V2"轨道的"05"文件的开始位置，如图 6-19 所示。

图 6-18

图 6-19

（10）在"效果"面板中，展开"视频过渡"栏，单击"擦除"文件夹前面的三角形按钮▶将其展开，选中"插入"特效，如图 6-20 所示。将"插入"特效拖曳到"时间线"面板中"V2"轨道的"05"文件的开始位置，如图 6-21 所示。至此，时尚女孩电子相册制作完成。

图 6-20

图 6-21

6.1.2　3D 运动特效

"3D 运动"文件夹中共包含 2 种切换视频的特效，如图 6-22 所示。使用不同的转场特效后，效果如图 6-23 所示。

图 6-22

立方体旋转　　　　　　　　　翻转

图 6-23

6.1.3　划像特效

"划像"文件夹中共包含 4 种切换视频的特效，如图 6-24 所示。使用不同的转场特效后，效果如图 6-25 所示。

图 6-24

交叉划像

圆划像

盒形划像

菱形划像

图 6-25

6.1.4 擦除特效

"擦除"文件夹中共包含 17 种切换视频的特效，如图 6-26 所示。使用不同的转场特效后，效果如图 6-27 所示。

图 6-26

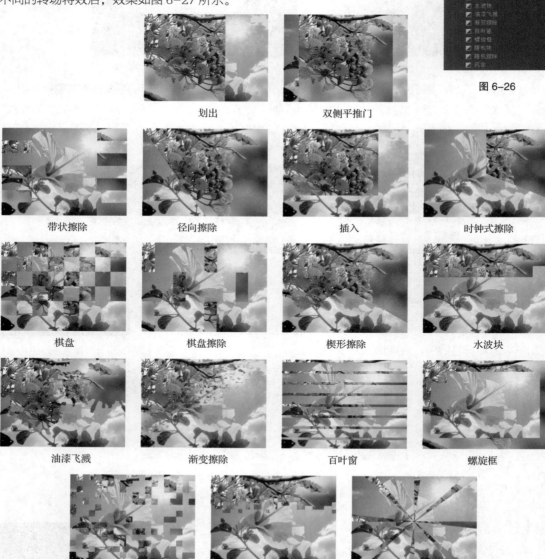

划出　　　　双侧平推门

带状擦除　　径向擦除　　插入　　　时钟式擦除

棋盘　　　棋盘擦除　　楔形擦除　　水波块

油漆飞溅　　渐变擦除　　百叶窗　　螺旋框

随机块　　　随机擦除　　风车

图 6-27

6.1.5　课堂案例——美食创意混剪

【课堂案例学习目标】学习使用转场过渡制作图像转场效果。

【课堂案例知识要点】使用"导入"命令导入视频文件，使用"VR 球形模糊"特效、"VR 漏光"特效、"叠加溶解"特效、"非叠加溶解"特效、"VR 默比乌斯缩放"特效和"交叉溶解"特效制作视频之间的过渡效果，使用"效果控件"面板编辑视频文件的大小。美食创意混剪效果如图 6-28 所示。

【效果文件所在位置】Ch06/ 美食创意混剪 / 美食创意混剪 .prproj。

扫码观看
本案例视频

图 6-28

（1）启动 Premiere Pro CC 2019，选择"文件 > 新建 > 项目"命令，弹出"新建项目"对话框，如图 6-29 所示，单击"确定"按钮，新建项目。选择"文件 > 新建 > 序列"命令，弹出"新建序列"对话框，选择"设置"选项进行设置，相关设置如图 6-30 所示，单击"确定"按钮，新建序列。

图 6-29　　　　　　　　　　　　　图 6-30

（2）选择"文件 > 导入"命令，弹出"导入"对话框，选中本书云盘中"Ch06/ 美食创意混剪 / 素材"中的"01"～"05"文件，如图 6-31 所示，单击"打开"按钮，将素材文件导入"项目"面板中，如图 6-32 所示。

（3）在"项目"面板中，选中"01"～"04"文件并将其拖曳到"时间线"面板中的"V1"轨道，弹出"剪辑不匹配警告"对话框，单击"保持现有设置"按钮，在保持现有序列设置的情况下将文件放置在"V1"轨道中,如图6-33所示。选中"时间线"面板中的"01"文件。选择"效果控件"面板,展开"运动"栏,将"缩放"选项设置为67.0,如图6-34所示。使用相同的方法调整其他素材文件的缩放效果。

图 6-31

图 6-32

图 6-33

图 6-34

(4)在"项目"面板中,选中"05"文件并将其拖曳到"时间线"面板中的"V2"轨道,如图6-35所示。

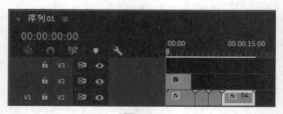

图 6-35

(5)右"效果"面板中,展开"视频过渡"栏,单击"沉浸式视频"文件夹前面的三角形按钮❯将其展开,选中"VR 球形模糊"特效,如图6-36所示。将"VR 球形模糊"特效拖曳到"时间线"面板中"V1"轨道的"01"文件的开始位置,如图6-37所示。

(6)左"效果"面板中,展开"视频过渡"栏,单击"沉浸式视频"文件夹前面的三角形按钮❯将其展开,选中"VR 漏光"特效,如图6-38所示。将"VR 漏光"特效拖曳到"时间线"面板中"V1"轨道的"01"文件的结束位置与"02"文件的开始位置,如图6-39所示。

(7)左"效果"面板中,展开"视频过渡"栏,单击"溶解"文件夹前面的三角形按钮❯将其展开,选中"叠加溶解"特效,如图6-40所示。将"叠加溶解"特效拖曳到"时间线"面板中"V1"轨道的"02"文件的结束位置与"03"文件的开始位置,如图6-41所示。

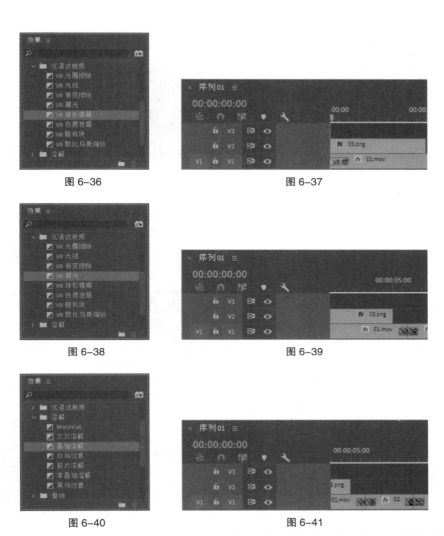

图 6-36

图 6-37

图 6-38

图 6-39

图 6-40

图 6-41

（8）选择"效果"面板，展开"视频过渡"栏，单击"溶解"文件夹前面的三角形按钮▶将其展开，选中"非叠加溶解"特效，如图 6-42 所示。将"非叠加溶解"特效拖曳到"时间线"面板中"V1"轨道的"03"文件的结束位置与"04"文件的开始位置，如图 6-43 所示。

图 6-42

图 6-43

（9）选择"效果"面板，展开"视频过渡"栏，单击"沉浸式视频"文件夹前面的三角形按钮▶将其展开，选中"VR 默比乌斯缩放"特效，如图 6-44 所示。将"VR 默比乌斯缩放"特效拖曳到"时间线"面板中"V1"轨道的"04"文件的结束位置，如图 6-45 所示。

图 6-44

图 6-45

（10）选择"效果"面板，展开"视频过渡"栏，单击"溶解"文件夹前面的三角形按钮 将其展开，选中"交叉溶解"特效，如图 6-46 所示。将"交叉溶解"特效拖曳到"时间线"面板中"V2"轨道的"05"文件的开始位置，如图 6-47 所示。至此，美食创意混剪制作完成。

图 6-46

图 6-47

6.1.6 沉浸式视频特效

"沉浸式视频"文件夹中共包含 8 种切换视频的特效，如图 6-48 所示。使用不同的转场特效后，效果如图 6-49 所示。

图 6-48

VR 光圈擦除

VR 光线

VR 渐变擦除

VR 漏光

VR 球形模糊

VR 色度泄漏

VR 随机块

VR 默比乌斯缩放

图 6-49

6.1.7 溶解特效

"溶解"文件夹中共包含 7 种切换视频的特效，如图 6-50 所示。使用不同的转场特效后，效果如图 6-51 所示。

图 6-50

MorphCut　　　　　　　交叉溶解 　　　　　　　叠加溶解

白场过渡　　　　　　胶片溶解　　　　　　非叠加溶解 　　　　　　黑场过渡

图 6-51

6.1.8 课堂案例——自驾网宣传片

【课堂案例学习目标】学习使用转场过渡制作图像转场效果。

【课堂案例知识要点】使用"导入"命令导入视频文件，使用"带状滑动"特效、"推"特效、"交叉缩放"特效和"翻页"特效制作视频之间的过渡效果，使用"效果控件"面板编辑视频文件的大小。自驾网宣传片效果如图 6-52 所示。

【效果文件所在位置】Ch06/ 自驾网宣传片 / 自驾网宣传片 . prproj。

扫码观看
本案例视频

图 6-52

（1）启动 Premiere Pro CC 2019，选择"文件 > 新建 > 项目"命令，弹出"新建项目"对话框，如图 6-53 所示，单击"确定"按钮，新建项目。选择"文件 > 新建 > 序列"命令，弹出"新建序列"对话框，选择"设置"选项进行设置，相关设置如图 6-54 所示，单击"确定"按钮，新建序列。

图 6-53　　　　　　　　　　　　　　　　　图 6-54

（2）选择"文件 > 导入"命令，弹出"导入"对话框，选中本书云盘中"Ch06/自驾网宣传片/素材"中的"01"～"05"文件，如图 6-55 所示，单击"打开"按钮，将素材文件导入"项目"面板中，如图 6-56 所示。

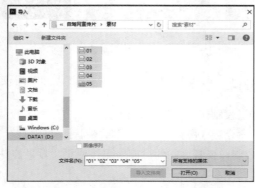

图 6-55　　　　　　　　　　　　　　　　　图 6-56

（3）在"项目"面板中，选中"01"文件并将其拖曳到"时间线"面板中的"V1"轨道，弹出"剪辑不匹配警告"对话框，单击"保持现有设置"按钮，在保持现有序列设置的情况下将"01"文件放置在"V1"轨道中，如图 6-57 所示。将时间标签放置在 06：10s 的位置。将鼠标指针放置在"01"文件的结束位置并单击，显示编辑点。按 E 键，将所选编辑点扩展到时间标签所在的位置，如图 6-58 所示。

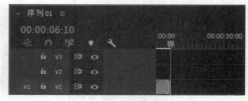

图 6-57　　　　　　　　　　　　　　　　　图 6-58

（4）在"项目"面板中，选中"02"文件并将其拖曳到"时间线"面板中的"V1"轨道，如图 6-59 所示。将时间标签放置在 13：00s 的位置。将鼠标指针放置在"02"文件的结束位置并单击，显示编辑点。当鼠标指针呈 状时，向左拖曳鼠标指针到 13：00s 的位置，如图 6-60 所示。

图 6-59　　　　　　　　　　　　　　图 6-60

（5）在"项目"面板中，选中"03""04"文件并将其拖曳到"时间线"面板中的"V1"轨道，如图 6-61 所示。将时间标签放置在 28:00s 的位置。将鼠标指针放置在"04"文件的结束位置并单击，显示编辑点。按 E 键，将所选编辑点扩展到时间标签所在的位置，如图 6-62 所示。

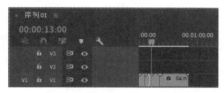

图 6-61　　　　　　　　　　　　　　图 6-62

（6）在"项目"面板中，选中"05"文件并将其拖曳到"时间线"面板中的"V2"轨道，如图 6-63 所示。将时间标签放置在 0s 的位置。选中"时间线"面板中的"01"文件。选择"效果控件"面板，展开"运动"栏，将"缩放"选项设置为 67.0，如图 6-64 所示。

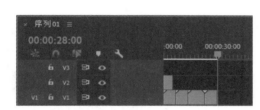

图 6-63　　　　　　　　　　　　　　图 6-64

（7）选择"效果"面板，展开"视频过渡"栏，单击"滑动"文件夹前面的三角形按钮▶将其展开，选中"带状滑动"特效，如图 6-65 所示。将"带状滑动"特效拖曳到"时间线"面板中"V1"轨道的"02"文件的开始位置，如图 6-66 所示。

图 6-65　　　　　　　　　　　　　　图 6-66

（8）选择"效果"面板，展开"视频过渡"栏，单击"滑动"文件夹前面的三角形按钮▶将其展开，选中"推"特效，如图 6-67 所示。将"推"特效拖曳到"时间线"面板中"V1"轨道的"03"文件的开始位置，如图 6-68 所示。

（9）选择"效果"面板，展开"视频过渡"栏，单击"缩放"文件夹前面的三角形按钮▶将其展开，选中"交叉缩放"特效，如图 6-69 所示。将"交叉缩放"特效拖曳到"时间线"面板中"V1"轨道的"03"文件的结束位置和"04"文件的开始位置，如图 6-70 所示。

图 6-69   图 6-70

（10）选择"效果"面板，展开"视频过渡"栏，单击"页面剥落"文件夹前面的三角形按钮▶将其展开，选中"翻页"特效，如图 6-71 所示。将"翻页"特效拖曳到"时间线"面板中"V1"轨道的"05"文件的开始位置，如图 6-72 所示。至此，自驾网宣传片制作完成。

图 6-71   图 6-72

6.1.9　滑动特效

"滑动"文件夹中共包含 5 种切换视频的特效，如图 6-73 所示。使用不同的转场特效后，效果如图 6-74 所示。

图 6-73

中心拆分   带状滑动   拆分

图 6-74

推　　　　　　　　　　　　　滑动

图 6-74（续）

6.1.10　缩放特效

"缩放"文件夹中只有 1 种切换视频的特效，如图 6-75 所示。使用不同的转场特效后，效果如图 6-76 所示。

交叉缩放

图 6-75　　　　　　　　图 6-76

6.1.11　页面剥落特效

"页面剥落"文件夹中共包含 2 种切换视频的特效，如图 6-77 所示。使用不同的转场特效后，效果如图 6-78 所示。

图 6-77

翻页　　　　　　　　　　页面剥落

图 6-78

6.2　设置转场

6.2.1　课堂案例——陶瓷艺术宣传片

【课堂案例学习目标】学习使用转场过渡制作图像转场效果。

【课堂案例知识要点】使用"导入"命令导入素材文件，使用"带状滑动"特效、"交叉划像"特效、"翻页"特效、"VR 渐变擦除"特效和"VR 色度泄漏"特效制作图片之间的转场效果，使用"效果控件"面板调整过渡特效。陶瓷艺术宣传片效果如图 6-79 所示。

【效果文件所在位置】Ch06/ 陶瓷艺术宣传片 / 陶瓷艺术宣传片 . prproj。

扫码观看
本案例视频

扫码观看
扩展案例

图 6-79

（1）启动 Premiere Pro CC 2019，选择"文件 > 新建 > 项目"命令，弹出"新建项目"对话框，如图 6-80 所示，单击"确定"按钮，新建项目。选择"文件 > 新建 > 序列"命令，弹出"新建序列"对话框，选择"设置"选项进行设置，相关设置如图 6-81 所示，单击"确定"按钮，新建序列。

图 6-80   图 6-81

（2）选择"文件 > 导入"命令，弹出"导入"对话框，选中本书云盘中"Ch06/ 陶瓷艺术宣传片 / 素材"中的"01"～"04"文件，如图 6-82 所示，单击"打开"按钮，将素材文件导入"项目"面板中，如图 6-83 所示。

图 6-82   图 6-83

（3）在"项目"面板中，按住 Shift 键选中"01"～"03"文件并将其拖曳到"时间线"面板中的"V1"轨道，弹出"剪辑不匹配警告"对话框，单击"保持现有设置"按钮，在保持现有序列设置的情况下将文件放置在"V1"轨道中，如图 6-84 所示。将时间标签放置在 41:00s 的位置。将鼠标指针放置在"03"文件的结束位置并单击，显示编辑点。按 E 键，将所选编辑点扩展到时间标签所在的位置，如图 6-85 所示。

图 6-84   图 6-85

（4）在"项目"面板中，选中"04"文件并将其拖曳到"时间线"面板中的"V1"轨道，如图6-86所示。选中"时间线"面板中的"01"文件。选择"效果控件"面板，展开"运动"栏，将"缩放"选项设置为67.0，如图6-87所示。使用相同的方法调整其他素材文件的缩放效果。

图6-86

图6-87

（5）选择"效果"面板，展开"视频过渡"栏，单击"滑动"文件夹前面的三角形按钮▶将其展开，选中"带状滑动"特效，如图6-88所示。将"带状滑动"特效拖曳到"时间线"面板中"V1"轨道的"01"文件的开始位置，如图6-89所示。

图6-88

图6-89

（6）选中"时间线"面板中的"带状滑动"特效。选择"效果控件"面板，将"持续时间"选项设置为02:00，如图6-90所示。此时，"时间线"面板如图6-91所示。

图6-90

图6-91

（7）选择"效果"面板，展开"视频过渡"栏，单击"划像"文件夹前面的三角形按钮▶将其展开，选中"交叉划像"特效，如图6-92所示。将"交叉划像"特效拖曳到"时间线"面板中"V1"轨道的"01"文件的结束位置和"02"文件的开始位置，如图6-93所示。

（8）选中"时间线"面板中的"交叉划像"特效。选择"效果控件"面板，将"持续时间"选项设置为02:00，其他选项的设置如图6-94所示。此时，"时间线"面板如图6-95所示。

图 6-92   图 6-93

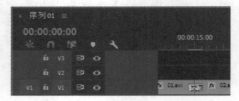

图 6-94   图 6-95

（9）选择"效果"面板，展开"视频过渡"栏，单击"页面剥落"文件夹前面的三角形按钮 ▷ 将其展开，选中"翻页"特效，如图 6-96 所示。将"翻页"特效拖曳到"时间线"面板中"V1"轨道的"02"文件的结束位置和"03"文件的开始位置，如图 6-97 所示。

图 6-96   图 6-97

（10）选中"时间线"面板中的"翻页"特效。选择"效果控件"面板，将"持续时间"选项设置为 03:00，在切换上拖曳鼠标调整其位置，如图 6-98 所示。此时，"时间线"面板如图 6-99 所示。

图 6-98   图 6-99

（11）选择"效果"面板，展开"视频过渡"栏，单击"沉浸式视频"文件夹前面的三角形按钮▶将其展开，选中"VR 渐变擦除"特效，如图 6-100 所示。将"VR 渐变擦除"特效拖曳到"时间线"面板中"V1"轨道的"04"文件的开始位置，如图 6-101 所示。

图 6-100

图 6-101

（12）选中"时间线"面板中的"VR 渐变擦除"特效。选择"效果控件"面板，将"持续时间"选项设置为 01:20，如图 6-102 所示。此时，"时间线"面板如图 6-103 所示。

图 6-102

图 6-103

（13）选择"效果"面板，展开"视频过渡"栏，单击"沉浸式视频"文件夹前面的三角形按钮▶将其展开，选中"VR 色度泄漏"特效，如图 6-104 所示。将"VR 色度泄漏"特效拖曳到"时间线"面板中"V1"轨道的"04"文件的结束位置，如图 6-105 所示。至此，陶瓷艺术宣传片制作完成。

图 6-104

图 6-105

6.2.2 使用切换

一般情况下，切换在同一轨道的两个相邻素材之间使用。当然，也可以单独为一个素材施加切换，此时，该素材与其下方的轨道进行切换，但是下方的轨道只是作为背景使用，并不能被切换所控制，如图 6-106 所示。

为影片添加切换后，可以改变切换的长度。最简单的方法是在"时间线"面板中选中切换，如"叠加溶解"，拖曳切换的边缘即可；也可双击切换打开"效果控件"面板，如图 6-107 所示，在面板中进行进一步调整。

图 6-106

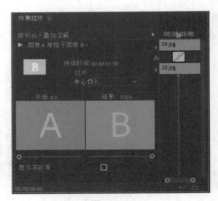

图 6-107

6.2.3 调整切换

　　将鼠标指针放置在切换中线上拖曳，可以改变切换位置，如图 6-108 所示。也可以将鼠标指针放置在切换上拖曳以改变位置，如图 6-109 所示。

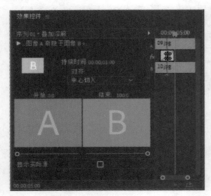

图 6-108

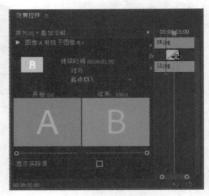

图 6-109

　　将鼠标指针放置在切换的结束位置，当鼠标指针呈 ⟷ 状时拖曳，调整切换的持续时间，如图 6-110 所示。"效果控件"面板的"对齐"下拉列表中提供了"中心切入""起点切入""终点切入"和"自定义起点" 4 种切换对齐方式，如图 6-111 所示。

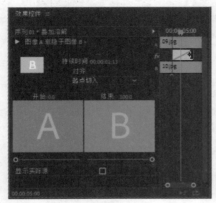

图 6-110

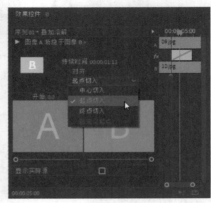

图 6-111

6.2.4 设置切换

在"效果控件"面板左侧的切换设置中，可以对切换进行进一步设置。

默认情况下，切换都是从 A 到 B（"效果控件"面板中下部所示的"A"和"B"）完成的，要改变切换的开始和结束的状态，可以拖曳"开始"和"结束"滑块。按住 Shift 键并拖曳滑块可以使"开始"和"结束"滑块以相同的数值变化。

勾选"显示实际来源"复选框，可以在"开始"和"结束"选项区域中显示切换的开始帧和结束帧，如图 6-112 所示。

在"效果控件"面板上方单击▶按钮，可以在小视窗中预览切换效果，如图 6-113 所示。对于某些有方向性的切换来说，可以通过在小视窗中单击箭头的方式来改变切换的方向。

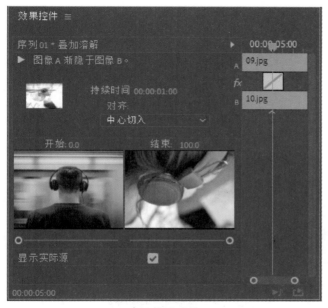

图 6-112

图 6-113

某些切换具有位置的性质，如出入屏的时候画面从屏幕的哪个位置开始和哪个位置结束，此时，可以在切换的"开始"和"结束"文本框中调整位置。

可以在"效果控件"面板上方的"持续时间"数值框中输入切换的持续时间，这与拖曳切换边缘改变切换长度的效果是相同的。

课堂练习——旅拍 Vlog

【课堂练习知识要点】使用"导入"命令导入素材文件，使用"菱形划像"特效、"时钟式擦除"特效和"带状滑动"特效制作图片之间的过渡效果。旅拍 Vlog 效果如图 6-114 所示。

【效果文件所在位置】Ch06/ 旅拍 Vlog/ 旅拍 Vlog.prproj。

图 6-114

课后习题——儿童成长电子相册

　　【课后习题知识要点】使用"导入"命令导入视频文件，使用"滑动"特效、"拆分"特效、"翻页"特效和"交叉缩放"特效制作视频之间的过渡效果，使用"效果控件"面板编辑视频文件的大小。儿童成长电子相册效果如图 6-115 所示。

　　【效果文件所在位置】Ch06/ 儿童成长电子相册 / 儿童成长电子相册 .prproj。

扫码观看
本案例视频

图 6-115

第 7 章

特效

▶ **本章介绍**

本章将介绍 Premiere Pro CC 2019 中的特效。这些特效可以应用在视频、图片和文字上。通过本章的学习，读者可以快速了解并掌握特效制作的精髓，随心所欲地创作出丰富多彩的视觉效果。

学习目标

- 了解特效的应用。
- 掌握特效及其操作方法。

技能目标

- 掌握"涂鸦女孩电子相册"的制作方法。
- 掌握"起飞准备工作赏析"的制作方法。
- 掌握"街头艺人写真"的制作方法。
- 掌握"跨越梦想创意赏析"的制作方法。

慕课视频

特效

7.1 应用特效

7.1.1 课堂案例——涂鸦女孩电子相册

【课堂案例学习目标】学习使用关键帧制作动画。

【课堂案例知识要点】使用"导入"命令导入素材文件，使用"效果控件"面板中的"缩放"选项调整图像大小，使用"高斯模糊"特效和"方向模糊"特效制作素材文件的模糊效果，使用"效果控件"面板制作动画。涂鸦女孩电子相册效果如图 7-1 所示。

【效果文件所在位置】Ch07/ 涂鸦女孩电子相册 / 涂鸦女孩电子相册 . prproj。

扫码观看
本案例视频

扫码观看
扩展案例

图 7-1

（1）启动 Premiere Pro CC 2019，选择"文件 > 新建 > 项目"命令，弹出"新建项目"对话框，如图 7-2 所示，单击"确定"按钮，新建项目。选择"文件 > 新建 > 序列"命令，弹出"新建序列"对话框，选择"设置"选项进行设置，相关设置如图 7-3 所示，单击"确定"按钮，新建序列。

图 7-2

图 7-3

（2）选择"文件 > 导入"命令，弹出"导入"对话框，选中本书云盘中"Ch07/ 涂鸦女孩电子相册 / 素材"中的"01"～"03"文件，如图 7-4 所示，单击"打开"按钮，将素材文件导入"项目"面板中，如图 7-5 所示。

图 7-4　　　　　　　　　　　　　　　　　　　　图 7-5

（3）在"项目"面板中，按住 Shift 键选中"01"和"02"文件并将其拖曳到"时间线"面板中的"V1"轨道，弹出"剪辑不匹配警告"对话框，单击"保持现有设置"按钮，在保持现有序列设置的情况下将文件放置在"V1"轨道中，如图 7-6 所示。选中"时间线"面板中的"01"文件。选择"效果控件"面板，展开"运动"栏，将"缩放"选项设置为 67.0，如图 7-7 所示。使用相同的方法调整"02"文件的缩放效果。

图 7-6　　　　　　　　　　　　　　　　　　　　图 7-7

（4）将时间标签放置在 13:14s 的位置。在"项目"面板中，选中"03"文件并将其拖曳到"时间线"面板中的"V2"轨道，如图 7-8 所示。将鼠标指针放置在"03"文件的结束位置并单击，显示编辑点。当鼠标指针呈 状时，向右拖曳鼠标指针到"02"文件的结束位置，如图 7-9 所示。

图 7-8　　　　　　　　　　　　　　　　　　　　图 7-9

（5）选择"效果"面板，展开"视频效果"栏，单击"模糊与锐化"文件夹前面的三角形按钮 将其展开，选中"高斯模糊"特效，如图 7-10 所示。将"高斯模糊"特效拖曳到"时间线"面板中"V1"轨道的"01"文件上，如图 7-11 所示。

（6）选中"时间线"面板中的"01"文件。将时间标签放置在 0s 的位置，选择"效果控件"面板，展开"高斯模糊"栏，将"模糊度"选项设置为 200.0，单击"模糊度"选项左侧的"切换动画"按钮 ，如图 7-12 所示，记录第 1 个动画关键帧。将时间标签放置在 01:15s 的位置，将"模糊度"选项设置为 0.0，如图 7-13 所示，记录第 2 个动画关键帧。

图 7-10

图 7-11

图 7-12

图 7-13

（7）选择"效果"面板，展开"视频效果"栏，单击"模糊与锐化"文件夹前面的三角形按钮▶将其展开，选中"方向模糊"特效，如图 7-14 所示。将"方向模糊"特效拖曳到"时间线"面板中"V1"轨道的"02"文件上，如图 7-15 所示。

图 7-14

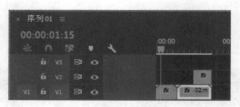

图 7-15

（8）选中"时间线"面板中的"02"文件。将时间标签放置在 07:16s 的位置，选择"效果控件"面板，展开"方向模糊"栏，将"方向"选项设置为 0.0°，"模糊长度"选项设置为 200.0，单击"方向"和"模糊长度"选项左侧的"切换动画"按钮🕑，如图 7-16 所示，记录第 1 个动画关键帧。将时间标签放置在 09:20s 的位置，将"方向"选项设置为 30.0°，"模糊长度"选项设置为 0.0，如图 7-17 所示，记录第 2 个动画关键帧。

（9）将时间标签放置在 13:14s 的位置，选中"时间线"面板中的"03"文件，如图 7-18 所示。选择"效果控件"面板，展开"运动"栏，将"缩放"选项设置为 140.0，如图 7-19 所示。

（10）选择"效果控件"面板，展开"不透明度"栏，将"不透明度"选项设置为 0.0%，如图 7-20 所示，记录第 1 个动画关键帧。将时间标签放置在 15:00s 的位置，将"不透明度"选项设置为 100.0%，如图 7-21 所示，记录第 2 个动画关键帧。至此，涂鸦女孩电子相册制作完成。

图 7-16

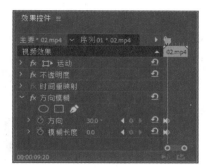

图 7-17

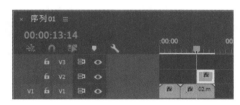

图 7-18

图 7-19

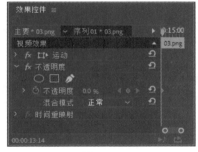

图 7-20

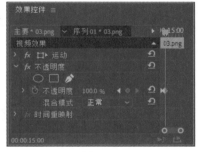

图 7-21

7.1.2 添加特效

　　为素材添加特效的方法很简单,只需在"效果"面板中拖曳一个特效到"时间线"面板的素材片段上即可。如果素材片段处于选中状态,则用户也可以拖曳特效到该片段的"效果控件"面板中。

7.2 设置特效

7.2.1 变换特效

　　变换特效主要通过对影像进行变换来制作出各种画面效果。"变换"文件夹中共包含 4 种特效,如图 7-22 所示。原图及其使用不同特效后图像的效果如图 7-23 所示。

图 7-22

原图

水平翻转

（中间图）
垂直翻转

羽化边缘

裁剪

图 7-23

7.2.2　实用程序特效

　　"实用程序"文件夹只包含"Cineon 转换器"一种特效，如图 7-24 所示，该特效主要用于使用"Cineon 转换器"对影像色调进行调整和设置。原图及使用该特效后的效果如图 7-25 所示。

图 7-24

原图

Cineon 转换器

图 7-25

7.2.3　课堂案例——起飞准备工作赏析

　　【课堂案例学习目标】学习使用扭曲和杂色与颗粒视频特效制作图像特效。

　　【课堂案例知识要点】使用"杂色"特效为图像添加杂色，使用"旋转扭曲"特效为旋转图像制作扭曲效果。起飞准备工作赏析效果如图 7-26 所示。

　　【效果文件所在位置】Ch07/ 起飞准备工作赏析 / 起飞准备工作赏析 . prproj。

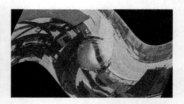

扫码观看
本案例视频

扫码观看
扩展案例

图 7-26

（1）启动 Premiere Pro CC 2019，选择"文件 > 新建 > 项目"命令，弹出"新建项目"对话框，如图 7-27 所示，单击"确定"按钮，新建项目。选择"文件 > 新建 > 序列"命令，弹出"新建序列"对话框，选择"设置"选项进行设置，相关设置如图 7-28 所示，单击"确定"按钮，新建序列。

图 7-27 图 7-28

（2）选择"文件 > 导入"命令，弹出"导入"对话框，选中本书云盘中的"Ch07/ 起飞准备工作赏析 / 素材 /01"文件，如图 7-29 所示，单击"打开"按钮，将素材文件导入"项目"面板中，如图 7-30 所示。

图 7-29 图 7-30

（3）在"项目"面板中，选中"01"文件并将其拖曳到"时间线"面板中的"V1"轨道，弹出"剪辑不匹配警告"对话框，单击"保持现有设置"按钮，在保持现有序列设置的情况下将"01"文件放置在"V1"轨道中，如图 7-31 所示。选中"时间线"面板中的"01"文件。选择"效果控件"面板，展开"运动"栏，将"缩放"选项设置为 67.0，如图 7-32 所示。

（4）选择"效果"面板，展开"视频效果"栏，单击"杂色与颗粒"文件夹前面的三角形按钮▶将其展开，选中"杂色"特效，如图 7-33 所示。将"杂色"特效拖曳到"时间线"面板中"V1"轨道的"01"文件上，如图 7-34 所示。

（5）将时间标签放置在 01:20s 的位置，选择"效果控件"面板，展开"杂色"栏，将"杂色数量"选项设置为 100.0%，单击"杂色数量"选项左侧的"切换动画"按钮 ，如图 7-35 所示，记录第 1 个动画关键帧。将时间标签放置在 03:12s 的位置，将"杂色数量"选项设置为 0.0%，如图 7-36 所示，记录第 2 个动画关键帧。

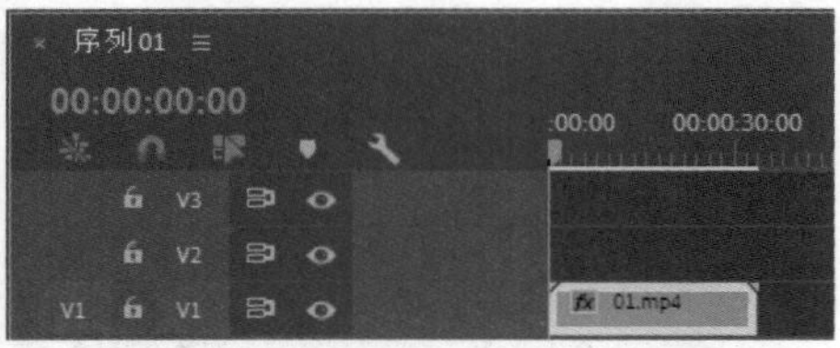

图 7-31 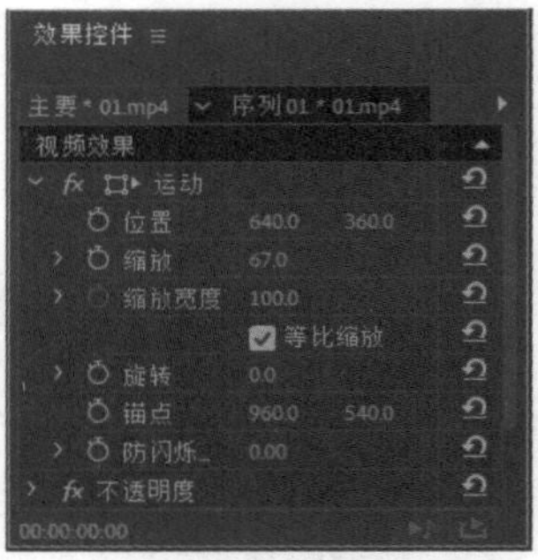　　　　　　　　　　　　　　　　图 7-32

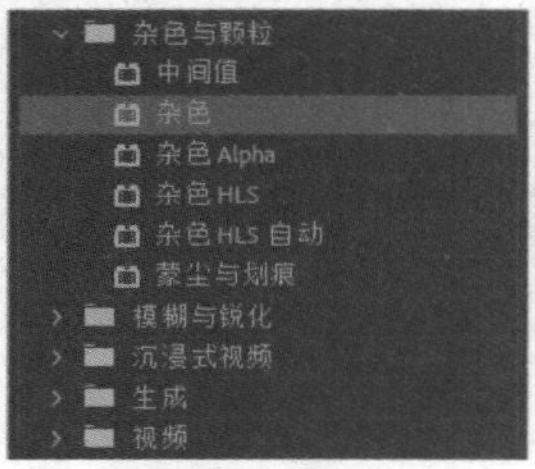

图 7-33 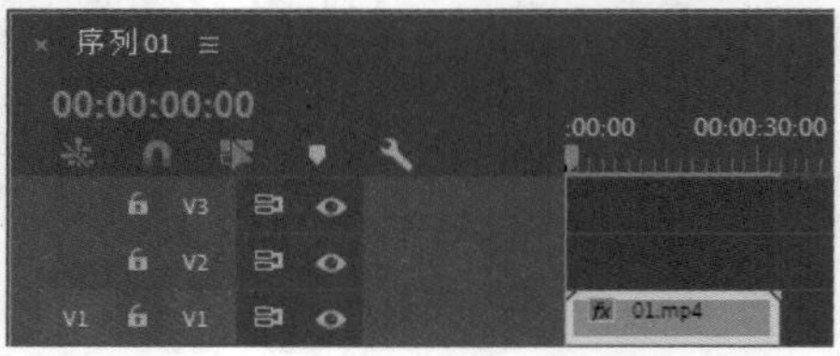　　　　　　　　　　　　　　　　图 7-34

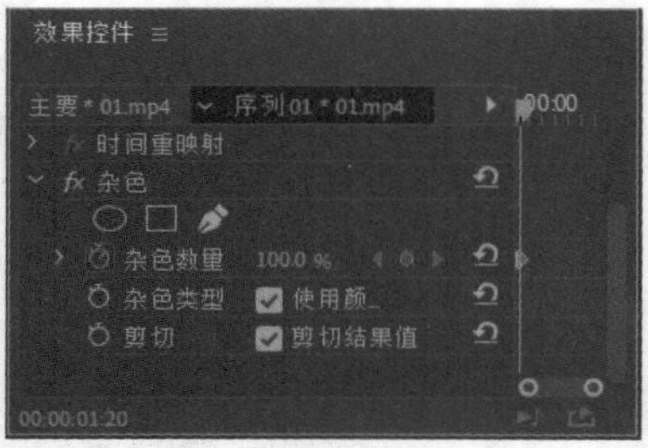

图 7-35 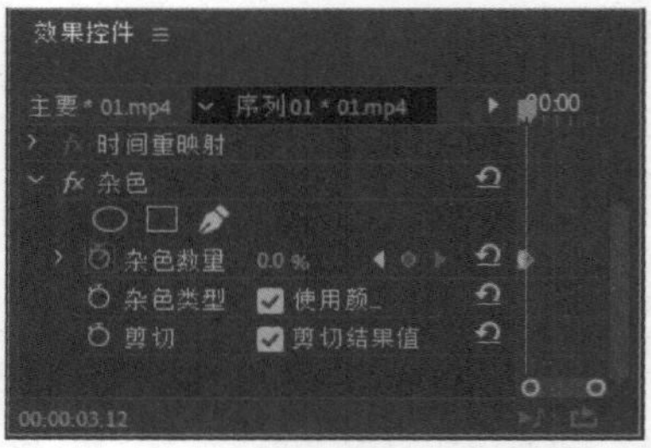　　　　　　　　　　　　　　　　图 7-36

（6）选择"效果"面板，展开"视频效果"栏，单击"扭曲"文件夹前面的三角形按钮▶将其展开，选中"旋转扭曲"特效，如图 7-37 所示。将"旋转扭曲"特效拖曳到"时间线"面板中"V1"轨道的"01"文件上，如图 7-38 所示。

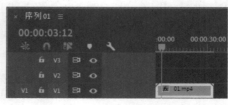

图 7-37　　　　　　　　　　　　　　　　图 7-38

（7）将时间标签放置在 0s 的位置，选择"效果控件"面板，展开"旋转扭曲"栏，将"角度"选项设置为 2×105.0°，"旋转扭曲半径"选项设置为 80.0，单击"角度"选项左侧的"切换动画"按钮，如图 7-39 所示，记录第 1 个动画关键帧。将时间标签放置在 01:20s 的位置，将"角度"选项设置为 0.0°，如图 7-40 所示，记录第 2 个动画关键帧。至此，起飞准备工作赏析制作完成。

图 7-39　　　　　　　　　　　　　　　　图 7-40

7.2.4　扭曲特效

图 7-41

　　扭曲特效主要通过对图像进行几何扭曲变形来制作出各种画面变形效果。"扭曲"文件夹中共包含 12 种特效,如图 7-41 所示。原图及其使用不同特效后图像的效果如图 7-42 所示。

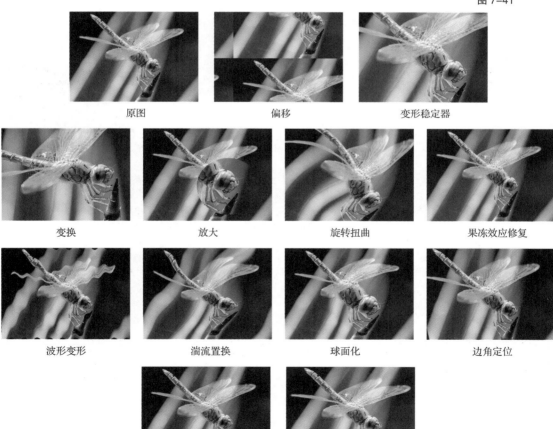

图 7-42

7.2.5　时间特效

时间特效用于对素材的时间特性进行控制。"时间"文件夹中共包含4种特效，如图7-43所示。原图及其使用不同特效后图像的效果如图7-44所示。

图 7-43

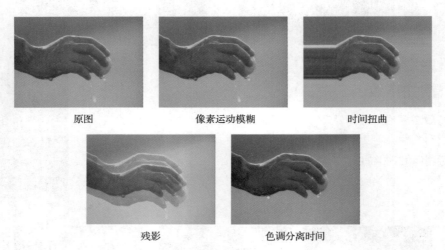

原图　　　　　　　像素运动模糊　　　　　　　时间扭曲

残影　　　　　　　色调分离时间

图 7-44

7.2.6　杂色与颗粒特效

杂波与颗粒特效主要用于去除素材画面中的擦痕及噪点。"杂色与颗粒"文件夹中共包含6种特效，如图7-45所示。原图及其使用不同特效后图像的效果如图7-46所示。

图 7-45

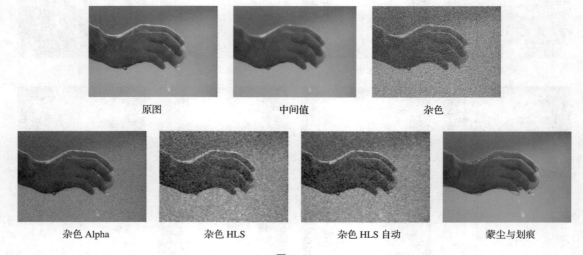

原图　　　　　　　中间值　　　　　　　杂色

杂色 Alpha　　　　　杂色 HLS　　　　　杂色 HLS 自动　　　　　蒙尘与划痕

图 7-46

7.2.7　课堂案例——街头艺人写真

【课堂案例学习目标】学习使用模糊与锐化和颜色校正特效制作图像效果。

【课堂案例知识要点】使用"效果控件"面板调整素材大小，使用"高斯模糊"特效制作模糊图像，使用"色调"特效调整图像颜色。街头艺人写真效果如图 7-47 所示。

【效果文件所在位置】Ch07\ 街头艺人写真 \ 街头艺人写真 . prproj。

扫码观看
本案例视频

图 7-47

（1）启动 Premiere Pro CC 2019，选择"文件 > 新建 > 项目"命令，弹出"新建项目"对话框，如图 7-48 所示，单击"确定"按钮，新建项目。选择"文件 > 新建 > 序列"命令，弹出"新建序列"对话框，选择"设置"选项进行设置，相关设置如图 7-49 所示，单击"确定"按钮，新建序列。

图 7-48　　　　　　　　　　　　图 7-49

（2）选择"文件 > 导入"命令，弹出"导入"对话框，选中本书云盘中的"Ch07/ 街头艺人写真 / 素材 /01"文件，如图 7-50 所示，单击"打开"按钮，将素材文件导入"项目"面板中，如图 7-51 所示。

（3）在"项目"面板中，选中"01"文件并将其拖曳到"时间线"面板中的"V1"轨道，弹出"剪辑不匹配警告"对话框，单击"保持现有设置"按钮，在保持现有序列设置的情况下将"01"文件放置在"V1"轨道中，如图 7-52 所示。将时间标签放置在 09:24s 的位置，将鼠标指针放置在"01"文件的结束位置并单击，显示编辑点。当鼠标指针呈◄状时，向右拖曳鼠标指针到 09:24s 的位置，如图 7-53 所示。

（4）将时间标签放置在 0s 的位置，选中"时间线"面板中的"01"文件，如图 7-54 所示。选择"效果控件"面板，展开"运动"栏，将"缩放"选项设置为 67.0，如图 7-55 所示。

图 7-50 图 7-51

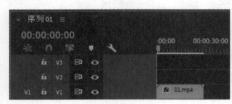

图 7-52 图 7-53

图 7-54 图 7-55

（5）选择"效果"面板，展开"视频效果"栏，单击"模糊与锐化"文件夹前面的三角形按钮▶将其展开，选中"高斯模糊"特效，如图 7-56 所示。将"高斯模糊"特效拖曳到"时间线"面板中"V1"轨道的"01"文件上。

（6）选择"效果控件"面板，展开"高斯模糊"栏，将"模糊度"选项设置为 120.0，单击"模糊度"选项左侧的"切换动画"按钮 ⎚，如图 7-57 所示，记录第 1 个动画关键帧。将时间标签放置在 03:00s 的位置，将"模糊度"选项设置为 0.0，如图 7-58 所示，记录第 2 个动画关键帧。

图 7-56 图 7-57 图 7-58

（7）选择"效果"面板，展开"视频效果"栏，单击"颜色校正"文件夹前面的三角形按钮▶将其展开，选中"色调"特效，如图7-59所示。将"色调"特效拖曳到"时间线"面板中"V1"轨道的"01"文件上。

（8）将时间标签放置在0s的位置，选择"效果控件"面板，展开"色调"栏，将"着色量"选项设置为100.0%，单击"着色量"选项左侧的"切换动画"按钮 ⏱，如图7-60所示，记录第1个动画关键帧。将时间标签放置在03:00s的位置，将"着色量"选项设置为0.0%，如图7-61所示，记录第2个动画关键帧。至此，街头艺人写真制作完成。

图 7-59

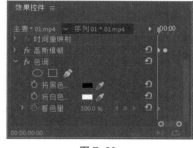

图 7-60

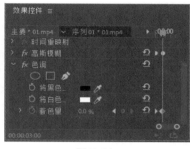

图 7-61

7.2.8 模糊与锐化特效

模糊与锐化特效主要针对镜头画面锐化或模糊进行处理。"模糊与锐化"文件夹中共包含8种特效，如图7-62所示。原图及其使用不同特效后图像的效果如图7-63所示。

图 7-62

原图　　减少交错闪烁　　复合模糊

方向模糊　　相机模糊　　通道模糊

钝化蒙版　　锐化　　高斯模糊

图 7-63

7.2.9　沉浸式视频特效

　　沉浸式视频特效主要是通过虚拟现实技术来实现虚拟现实的一种特效。"沉浸式视频"文件夹中共包含 11 种特效，如图 7-64 所示。原图及其使用不同特效后图像的效果如图 7-65 所示。

图 7-64

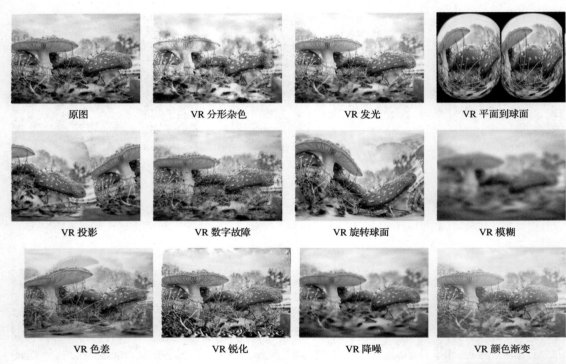

原图	VR 分形杂色	VR 发光	VR 平面到球面
VR 投影	VR 数字故障	VR 旋转球面	VR 模糊
VR 色差	VR 锐化	VR 降噪	VR 颜色渐变

图 7-65

7.2.10　生成特效

　　生成特效主要用来生成一些特效效果。"生成"文件夹中共包含 12 种特效，如图 7-66 所示。原图及其使用不同特效后图像的效果如图 7-67 所示。

图 7-66

原图	书写	单元格图案

图 7-67

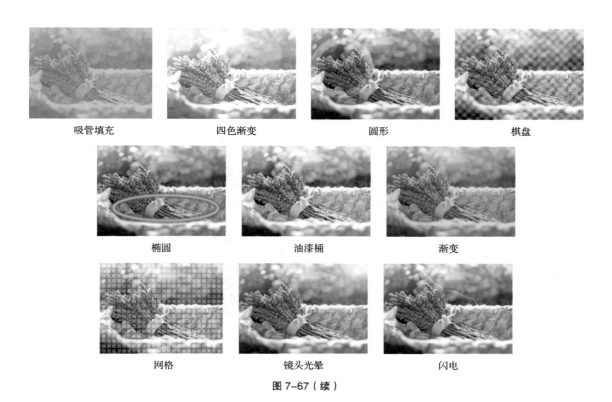

吸管填充	四色渐变	圆形	棋盘

椭圆	油漆桶	渐变

网格	镜头光晕	闪电

图 7-67（续）

7.2.11　视频特效

　　视频特效用于对视频特性进行控制。"视频"文件夹中共包含 4 种特效，如图 7-68 所示。原图及其使用不同特效后图像的效果如图 7-69 所示。

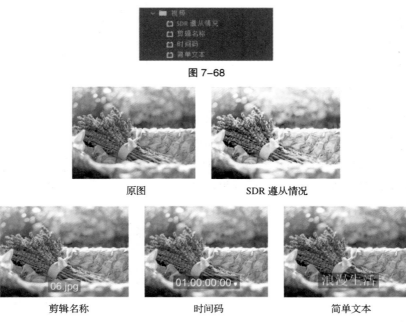

图 7-68

原图	SDR 遵从情况

剪辑名称	时间码	简单文本

图 7-69

7.2.12 过渡特效

过渡特效主要用于在两个素材之间进行连接的切换。"过渡"文件夹中共包含5种特效，如图7-70所示。原图及其使用不同特效后图像的效果如图7-71所示。

图 7-70

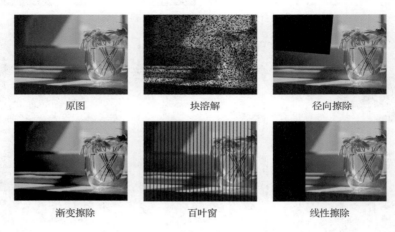

原图　　　　　　　　块溶解　　　　　　　　径向擦除

渐变擦除　　　　　　　百叶窗　　　　　　　　线性擦除

图 7-71

7.2.13 透视特效

透视特效主要用于制作三维透视效果，使素材产生立体感或空间感。"透视"文件夹中共包含5种特效，如图7-72所示。原图及其使用不同特效后图像的效果如图7-73所示。

图 7-72

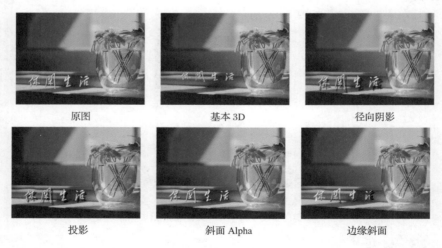

原图　　　　　　　　基本 3D　　　　　　　径向阴影

投影　　　　　　　　斜面 Alpha　　　　　　边缘斜面

图 7-73

7.2.14 通道特效

通道特效可以对素材的通道进行处理，实现图像颜色、色调、饱和度和亮度等属性的改变。"通道"文件夹中共包含7种特效，如图7-74所示。原图及其使用不同特效后图像的效果如图7-75所示。

图 7-74

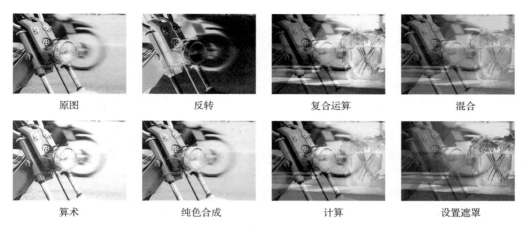

原图	反转	复合运算	混合
算术	纯色合成	计算	设置遮罩

图 7-75

7.2.15　课堂案例——跨越梦想创意赏析

【课堂案例学习目标】学习使用风格化特效编辑图像并制作创意图像。

【课堂案例知识要点】使用"彩色浮雕"特效制作图片的彩色浮雕效果，使用"效果控件"面板调整素材并制作动画效果。跨越梦想创意赏析效果如图 7-76 所示。

【效果文件所在位置】Ch07/ 跨越梦想创意赏析 / 跨越梦想创意赏析 . prproj。

扫码观看
本案例视频

图 7-76

（1）启动 Premiere Pro CC 2019，选择"文件 > 新建 > 项目"命令，弹出"新建项目"对话框，如图 7-77 所示，单击"确定"按钮，新建项目。选择"文件 > 新建 > 序列"命令，弹出"新建序列"对话框，选择"设置"选项进行设置，相关设置如图 7-78 所示，单击"确定"按钮，新建序列。

（2）选择"文件 > 导入"命令，弹出"导入"对话框，选中本书云盘中"Ch07/ 跨越梦想创意赏析 / 素材"中的"01"~"03"文件，如图 7-79 所示，单击"打开"按钮，将素材文件导入"项目"面板中，如图 7-80 所示。

（3）在"项目"面板中，选中"01"文件并将其拖曳到"时间线"面板中的"V1"轨道，弹出"剪辑不匹配警告"对话框，单击"保持现有设置"按钮，在保持现有序列设置的情况下将"01"文件放置在"V1"轨道中，如图 7-81 所示。将时间标签放置在 04:00s 的位置，将鼠标指针放置在"01"文件的结束位置并单击，显示编辑点。当鼠标指针呈 ◀ 状时，向右拖曳鼠标指针到 04:00s 的位置，如图 7-82 所示。

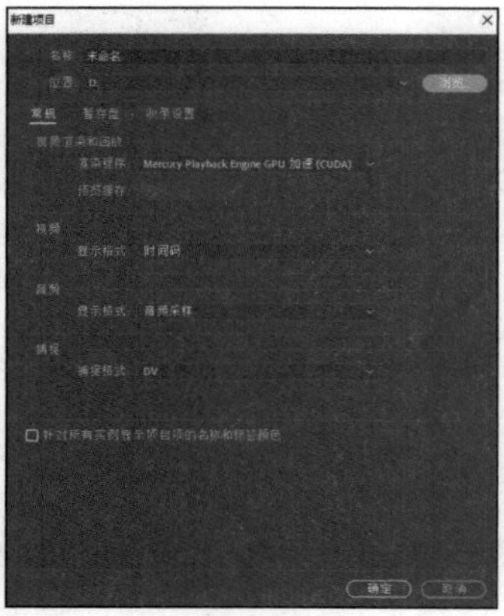

图 7-77

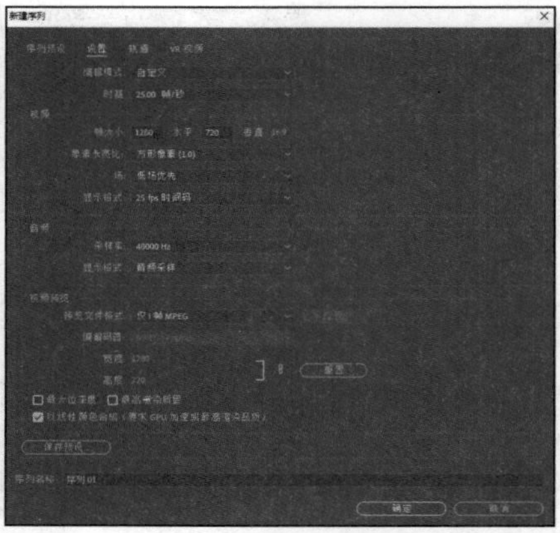

图 7-78

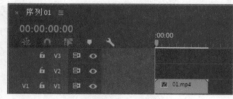

图 7-79

图 7-80

图 7-81

图 7-82

（4）选中"时间线"面板中的"01"文件，如图 7-83 所示。选择"效果控件"面板，展开"运动"栏，将"缩放"选项设置为 67.0，如图 7-84 所示。

图 7-83

图 7-84

（5）将时间标签放置在 0:07s 的位置，在"项目"面板中，选中"02"文件并将其拖曳到"时间线"面板中的"V2"轨道，如图 7-85 所示。选中"时间线"面板中的"02"文件。选择"效果控件"面板，展开"运动"栏，将"缩放"选项设置为 2.0，单击"缩放"选项左侧的"切换动画"按钮 🔘，如图 7-86 所示，记录第 1 个动画关键帧。

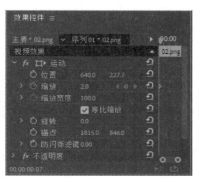

| 图 7-85 | 图 7-86 |

（6）将时间标签放置在 01:05s 的位置，将"缩放"选项设置为 20.0，如图 7-87 所示，记录第 2 个动画关键帧。将时间标签放置在 02:01s 的位置，展开"不透明度"栏，单击"不透明度"选项右侧的"添加 / 移除关键帧"按钮 ◎，如图 7-88 所示，记录第 1 个动画关键帧。

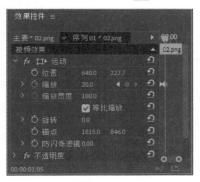

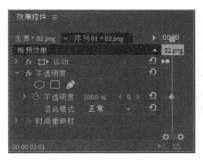

| 图 7-87 | 图 7-88 |

（7）将时间标签放置在 02:06s 的位置，将"不透明度"选项设置为 0.0%，如图 7-89 所示，记录第 2 个动画关键帧。将时间标签放置在 02:11s 的位置，将"不透明度"选项设置为 100.0%，如图 7-90 所示，记录第 3 个动画关键帧。

| 图 7-89 | 图 7-90 |

（8）将时间标签放置在 02:16s 的位置，将"不透明度"选项设置为 0.0%，如图 7-91 所示，

记录第 4 个动画关键帧。将时间标签放置在 02:21s 的位置，将"不透明度"选项设置为 100.0%，如图 7-92 所示，记录第 5 个动画关键帧。

图 7-91　　　　　　　　　　　　　　　　　图 7-92

（9）选择"效果"面板，展开"视频效果"栏，单击"风格化"文件夹前面的三角形按钮▶将其展开，选中"彩色浮雕"特效，如图 7-93 所示。将"彩色浮雕"特效拖曳到"时间线"面板中"V2"轨道的"02"文件上，如图 7-94 所示。

（10）选择"效果控件"面板，展开"彩色浮雕"栏，将"方向"选项设置为 45.0°，"起伏"选项设置为 25.00，"对比度"选项设置为 100，"与原始图像混合"选项设置为 50%，如图 7-95 所示。

图 7-93　　　　　　　　　　图 7-94　　　　　　　　　　图 7-95

（11）将时间标签放置在 0:07s 的位置。在"项目"面板中，选中"03"文件并将其拖曳到"时间线"面板中的"V3"轨道，如图 7-96 所示。将鼠标指针放置在"03"文件的结束位置并单击，显示编辑点。当鼠标指针呈 ◄┃ 状时，向左拖曳鼠标指针到"02"文件的结束位置，如图 7-97 所示。

图 7-96　　　　　　　　　　　　　　　　　图 7-97

（12）选中"时间线"面板中的"03"文件。选择"效果控件"面板，展开"运动"栏，将"位置"选项设置为 640.0 和 230.0，"缩放"选项设置为 0.0，单击"位置"和"缩放"选项左侧的"切换动画"按钮 ⊙，如图 7-98 所示，记录第 1 个动画关键帧。将时间标签放置在 01:05s 的位置。将"位置"选项设置为 640.0 和 316.0，"缩放"选项设置为 100.0，如图 7-99 所示，记录第 2 个动画关键帧。至此，跨越梦想创意赏析制作完成。

图 7-98

图 7-99

7.2.16 风格化特效

风格化特效主要用于模拟一些美术风格，实现丰富的画面效果。"风格化"文件夹中共包含 13 种特效，如图 7-100 所示。原图及其使用不同特效后图像的效果如图 7-101 所示。

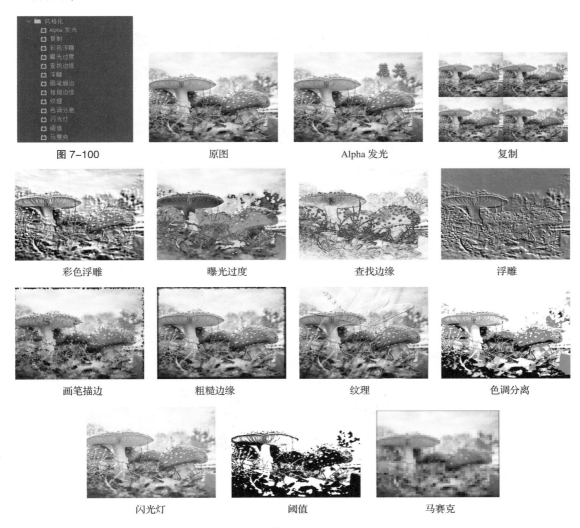

图 7-100   原图   Alpha 发光   复制

彩色浮雕   曝光过度   查找边缘   浮雕

画笔描边   粗糙边缘   纹理   色调分离

闪光灯   阈值   马赛克

图 7-101

课堂练习——峡谷风光创意写真

【课堂练习知识要点】使用"效果控件"面板调整素材的大小，使用"镜像"命令制作镜像图像，使用"裁剪"命令剪切图像，使用"不透明度"选项改变图像的不透明度，使用"照明效果"命令改变图像的灯光亮度。峡谷风光创意写真效果如图 7-102 所示。

【效果文件所在位置】Ch07/ 峡谷风光创意写真 / 峡谷风光创意写真 . prproj。

扫码观看
本案例视频

图 7-102

课后习题——健康出行宣传片

【课后习题知识要点】使用"边角定位"特效调整视频的位置和大小，使用"亮度与对比度"特效调整图像的亮度与对比度，使用"颜色平衡"特效调整图像的颜色。健康出行宣传片效果如图 7-103 所示。

【效果文件所在位置】Ch07/ 健康出行宣传片 / 健康出行宣传片 . prproj。

扫码观看
本案例视频

图 7-103

08

第 8 章
调色与抠像

▶ **本章介绍**

　　本章将介绍在 Premiere Pro CC 2019 中进行素材调色与抠像的基础设置方法。调色与抠像属于 Premiere Pro CC 2019 剪辑中较高级的应用，它可以使影片通过剪辑产生完美的画面合成效果。通过本章的学习，读者可以加强理解相关知识，熟练掌握 Premiere Pro CC 2019 的调色与抠像技术。

学习目标

● 掌握调色技术的使用方法。
● 掌握抠像技术的使用方法。

技能目标

● 掌握"美好生活赏析"的制作方法。
● 掌握"怀旧影视赏析"的制作方法。
● 掌握"折纸世界栏目片头"的制作方法。

慕课视频

调色与抠像

8.1 调色

8.1.1 课堂案例——美好生活赏析

【课堂案例学习目标】学习使用调整特效编辑视频。

【课堂案例知识要点】使用"ProcAmp"特效调整视频的饱和度，使用"光照效果"特效为视频添加光照效果并制作动画。美好生活赏析效果如图 8-1 所示。

【效果文件所在位置】Ch08/ 美好生活赏析 / 美好生活赏析 . prproj。

扫码观看
本案例视频

扫码观看
扩展案例

图 8-1

（1）启动 Premiere Pro CC 2019，选择"文件 > 新建 > 项目"命令，弹出"新建项目"对话框，如图 8-2 所示，单击"确定"按钮，新建项目。选择"文件 > 新建 > 序列"命令，弹出"新建序列"对话框，选择"设置"选项进行设置，相关设置如图 8-3 所示，单击"确定"按钮，新建序列。

图 8-2   图 8-3

（2）选择"文件 > 导入"命令，弹出"导入"对话框，选中本书云盘中的"Ch08/ 美好生活赏析 / 素材 /01"文件，如图 8-4 所示，单击"打开"按钮，将素材文件导入"项目"面板中，如图 8-5所示。

（3）在"项目"面板中，选中"01"文件并将其拖曳到"时间线"面板中的"V1"轨道，弹出"剪辑不匹配警告"对话框，单击"保持现有设置"按钮，在保持现有序列设置的情况下将"01"

文件放置在"V1"轨道中，如图 8-6 所示。选中"时间线"面板中的"01"文件。选择"效果控件"面板，展开"运动"栏，将"缩放"选项设置为 67.0，如图 8-7 所示。

图 8-4 图 8-5

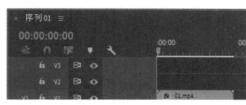

图 8-6

图 8-7

（4）选择"效果"面板，展开"视频效果"栏，单击"调整"文件夹前面的三角形按钮▶将其展开，选中"ProcAmp"特效，如图 8-8 所示。将"ProcAmp"特效拖曳到"时间线"面板中"V1"轨道的"01"文件上，如图 8-9 所示。选择"效果控件"面板，展开"ProcAmp"栏，将"饱和度"选项设置为 135.0，如图 8-10 所示。

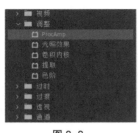

图 8-8 图 8-9 图 8-10

（5）选择"效果"面板，展开"视频效果"栏，单击"调整"文件夹前面的三角形按钮▶将其展开，选中"光照效果"特效，如图 8-11 所示。将"光照效果"特效拖曳到"时间线"面板中"V1"轨道的"01"文件上，如图 8-12 所示。

（6）选择"效果控件"面板，展开"光照效果"栏，将"光照类型"选项设置为"全光源"，"中央"选项设置为 100.0 和 472.0，"主要半径"选项设置为 20.0，"强度"选项设置为 38.0，单击"中央"选项左侧的"切换动画"按钮 ⬙，如图 8-13 所示，记录第 1 个动画关键帧。将时间标签放置在 10:00s 的位置，将"中央"选项设置为 1373.0 和 472.0，如图 8-14 所示，记录第 2 个动画关键帧。至此，美好生活赏析制作完成。

图 8-11   图 8-12

图 8-13   图 8-14

8.1.2 过时特效

过时特效用于对视频进行颜色分级与校正。"过时"文件夹中共包含 12 种特效，如图 8-15 所示。原图及其使用不同特效后图像的效果如图 8-16 所示。

图 8-15

原图   RGB 曲线   RGB 颜色校正器

三向颜色校正器   亮度曲线   亮度校正器   快速模糊

图 8-16

快速颜色校正器

自动对比度

自动色阶

自动颜色

视频限幅器（旧版）

阴影 / 高光

图 8-16（续）

8.1.3　调整特效

调整特效可以调整素材文件的明暗度，并添加光照效果。"调整"文件夹中共包含 5 种特效，如图 8-17 所示。原图及其使用不同特效后图像的效果如图 8-18 所示。

图 8-17

原图

ProcAmp

光照效果

卷积内核

提取

色阶

图 8-18

8.1.4　课堂案例——怀旧老电影赏析

【课堂案例学习目标】学习使用图像控制特效制作怀旧影视效果。

【课堂案例知识要点】使用"导入"命令导入视频文件，使用"灰度系数校正"特效调整图像的灰度系数，使用"颜色平衡"特效降低图像中某部分的颜色，使用"DE_AgedFilm"外部特效制作老电影效果。怀旧影视赏析效果如图 8-19 所示。

【效果文件所在位置】Ch08/ 怀旧老电影赏析 / 怀旧影视赏析 . prproj。

扫码观看
本案例视频

扫码观看
扩展案例

图 8-19

（1）启动 Premiere Pro CC 2019，选择"文件 > 新建 > 项目"命令，弹出"新建项目"对话框，如图 8-20 所示，单击"确定"按钮，新建项目。选择"文件 > 新建 > 序列"命令，弹出"新建序列"对话框，选择"设置"选项进行设置，相关设置如图 8-21 所示，单击"确定"按钮，新建序列。

图 8-20

图 8-21

（2）选择"文件 > 导入"命令，弹出"导入"对话框，选中本书云盘中的"Ch08/ 怀旧老电影赏析 / 素材 /01"文件，如图 8-22 所示，单击"打开"按钮，将素材文件导入"项目"面板中，如图 8-23 所示。

图 8-22

图 8-23

（3）在"项目"面板中，选中"01"文件并将其拖曳到"时间线"面板中的"V1"轨道，弹出"剪辑不匹配警告"对话框，单击"保持现有设置"按钮，在保持现有序列设置的情况下将"01"

文件放置在"V1"轨道中，如图 8-24 所示。

（4）将时间标签放置在 03：20s 的位置，将鼠标指针放置在"01"文件的结束位置并单击，显示编辑点。当鼠标指针呈█状时，向右拖曳鼠标指针到 03：20s 的位置，如图 8-25 所示。

图 8-24   图 8-25

（5）将时间标签放置在 0s 的位置，选中"时间线"面板中的"01"文件，如图 8-26 所示。选择"效果控件"面板，展开"运动"栏，将"缩放"选项设置为 67.0，如图 8-27 所示。

图 8-26   图 8-27

（6）选择"效果"面板，展开"视频效果"栏，单击"图像控制"文件夹前面的三角形按钮▶将其展开，选中"灰度系数校正"特效，如图 8-28 所示。将"灰度系数校正"特效拖曳到"时间线"面板中"V1"轨道的"01"文件上。选择"效果控件"面板，展开"灰度系数校正"栏，将"灰度系数"选项设置为 7，如图 8-29 所示。

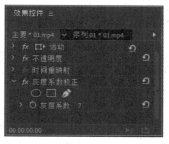

图 8-28   图 8-29

（7）选择"效果"面板，展开"视频效果"栏，单击"颜色校正"文件夹前面的三角形按钮▶将其展开，选中"颜色平衡"特效，如图 8-30 所示。将"颜色平衡"特效拖曳到"时间线"面板中"V1"轨道的"01"文件上。选择"效果控件"面板中，展开"颜色平衡"栏，将"阴影红色平衡"选项设置为 100.0，"阴影绿色平衡"选项设置为 -32.0，"阴影蓝色平衡"选项设置为 -74.0，"中间调蓝色平衡"选项设置为 -9.7，"高光蓝色平衡"选项设置为 -42.9，如图 8-31 所示。

（8）选择"效果"面板，展开"视频效果"栏，单击"Digieffects Damage v2.5"文件夹前面的三角形按钮▶将其展开，选中"DE_AgedFilm"特效，如图 8-32 所示。将"DE_AgedFilm"

特效拖曳到"时间线"面板中"V1"轨道的"01"文件上。

（9）选择"效果控件"面板，展开"DE_AgedFilm"栏，将"混合来源"选项设置为10.000，"划痕数量"选项设置为10，"划痕最大速度"选项设置为83.00，"划痕寿命"选项设置为43.00，"划痕透明度"选项设置为80.00，"划痕透明度变化"选项设置为31.00，如图8-33所示。至此，怀旧影视赏析制作完成。

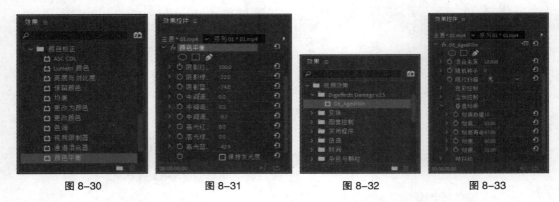

图 8-30   图 8-31   图 8-32   图 8-33

8.1.5 图像控制特效

图像控制特效的主要用途是对素材进行色彩的特效处理。其广泛运用于视频编辑中，可以处理一些视频的前期拍摄中所遗留下的缺陷，或使素材达到某种预想的效果。"图像控制"文件夹中共包含5种特效，如图8-34所示。原图及其使用不同特效后图像的效果如图8-35所示。

图 8-34

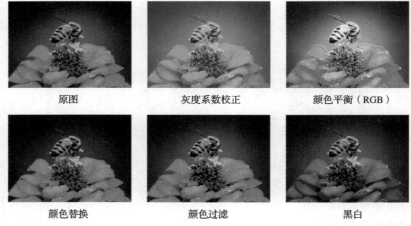

原图   灰度系数校正   颜色平衡（RGB）

颜色替换   颜色过滤   黑白

图 8-35

8.1.6 颜色校正特效

颜色校正特效主要用于对视频素材进行颜色校正。"颜色校正"文件夹中共包含12种特效，如图8-36所示。原图及其使用不同特效后图像的效果如图8-37所示。

图 8-36

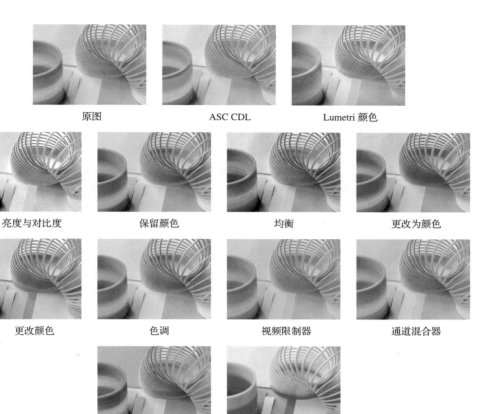

原图	ASC CDL	Lumetri 颜色
亮度与对比度	保留颜色	均衡	更改为颜色
更改颜色	色调	视频限制器	通道混合器
颜色平衡	颜色平衡（HLS）		

图 8-37

8.2　抠像

8.2.1　课堂案例——折纸世界栏目片头

【课堂案例学习目标】学习使用键控特效抠出视频文件中的折纸图像。

【课堂案例知识要点】使用"导入"命令导入视频文件，使用"颜色键"特效抠出折纸图像，使用"效果控件"面板制作文字动画。折纸世界栏目片头效果如图 8-38 所示。

【效果文件所在位置】Ch08/ 折纸世界栏目片头 / 折纸世界栏目片头 . prproj。

扫码观看
本案例视频

图 8-38

（1）启动 Premiere Pro CC 2019，选择"文件 > 新建 > 项目"命令，弹出"新建项目"对话框，如图 8-39 所示，单击"确定"按钮，新建项目。选择"文件 > 新建 > 序列"命令，弹出"新建序列"对话框，单击"设置"选项进行设置，相关设置如图 8-40 所示，单击"确定"按钮，新建序列。

图 8-39   图 8-40

（2）选择"文件 > 导入"命令，弹出"导入"对话框，选中本书云盘中"Ch08/ 折纸世界栏目片头 / 素材"中的"01"～"03"文件，如图 8-41 所示，单击"打开"按钮，将素材文件导入"项目"面板中，如图 8-42 所示。

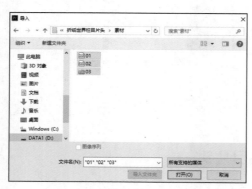 

图 8-41   图 8-42

（3）在"项目"面板中，选中"01"文件并将其拖曳到"时间线"面板中的"V1"轨道，弹出"剪辑不匹配警告"对话框，单击"保持现有设置"按钮，在保持现有序列设置的情况下将"01"文件放置在"V1"轨道中，如图 8-43 所示。选中"时间线"面板中的"01"文件。选择"效果控件"面板，展开"运动"栏，将"缩放"选项设置为 67.0，如图 8-44 所示。

图 8-43   图 8-44

（4）在"项目"面板中，选中"02"文件并将其拖曳到"时间线"面板中的"V2"轨道，如图 8-45 所示。选择"效果"面板，展开"视频效果"栏，单击"键控"文件夹前面的三角形按钮▶将其展开，选中"颜色键"特效，如图 8-46 所示。

图 8-45   图 8-46

（5）将"颜色键"特效拖曳到"时间线"面板中"V2"轨道的"02"文件上，如图 8-47 所示。选择"效果控件"面板，展开"颜色键"栏，将"主要颜色"选项设置为蓝色（4、1、167），"颜色容差"选项设置为 32，"边缘细化"选项设置为 3，如图 8-48 所示。

图 8-47   图 8-48

（6）在"项目"面板中，选中"03"文件并将其拖曳到"时间线"面板中的"V3"轨道，如图 8-49 所示。将鼠标指针放置在"03"文件的结束位置并单击，显示编辑点。当鼠标指针呈◀▶状时，向右拖曳鼠标指针到"02"文件的结束位置，如图 8-50 所示。

图 8-49   图 8-50

（7）选中"时间线"面板中的"03"文件。选择"效果控件"面板，展开"运动"栏，将"缩放"选项设置为 0.0，单击"缩放"选项左侧的"切换动画"按钮 🕙，如图 8-51 所示，记录第 1 个动画关键帧。将时间标签放置在 02:07s 的位置，将"缩放"选项设置为 170.0，如图 8-52 所示，记录第 2 个动画关键帧。至此，折纸世界栏目片头制作完成。

图 8-51

图 8-52

8.2.2　键控特效

键控特效可使用特定的颜色值（颜色键控或者色度键控）和亮度值（亮度键控）来定义视频素材中的透明区域。当断开颜色值时，颜色值或者亮度值相同的所有像素将变为透明。"键控"文件夹中共包含 9 种特效，如图 8-53 所示。原图及其使用不同特效后图像的效果如图 8-54 所示。

图 8-53

原图 1　　　　　　　　原图 2　　　　　　　　Alpha 调整

亮度键　　　　　图像遮罩键　　　　　差值遮罩　　　　　移除遮罩

超级键　　　　　轨道遮罩键　　　　　非红色键　　　　　颜色键

图 8-54

课堂练习——情趣生活赏析

【课堂练习知识要点】使用"ProcAmp"特效调整视频的饱和度，使用"亮度与对比度"命令调整图像的亮度与对比度，使用"颜色平衡"特效调整图像颜色。情趣生活赏析效果如图 8-55 所示。

【效果文件所在位置】Ch08/ 情趣生活赏析 / 情趣生活赏析 . prproj。

图 8-55

课后习题——淡彩铅笔画赏析

【课后习题知识要点】使用"导入"命令导入素材文件，使用"查找边缘"特效制作图像的边缘，使用"色阶"特效调整图像的颜色，使用"画笔描边"特效制作图像的画笔效果。淡彩铅笔画赏析效果如图 8-56 所示。

【效果文件所在位置】Ch08/ 淡彩铅笔画赏析 / 淡彩铅笔画赏析 . prproj。

图 8-56

第 9 章

商业案例

09

▶ **本章介绍**

　　本章将根据真实情境来训练读者如何利用所学知识完成商业案例。通过多个商业案例的演练，使读者进一步巩固 Premiere Pro CC 2019 的强大操作功能和使用技巧，并更好地应用所学技能制作出专业的商业设计作品。

学习目标

- 掌握 Premiere Pro CC 2019 的使用方法。
- 了解 Premiere Pro CC 2019 的常用设计领域。
- 掌握 Premiere Pro CC 2019 在不同设计领域的使用技巧。

技能目标

- 掌握"花卉节目赏析"的制作方法。
- 掌握"烹饪节目赏析"的制作方法。
- 掌握"运动产品广告"的制作方法。
- 掌握"环保宣传片"的制作方法。
- 掌握"音乐歌曲 MV"的制作方法。

慕课视频

商业案例

9.1 花卉节目赏析

9.1.1 案例背景及要求

1. 客户名称

盘水电视台。

2. 客户需求

盘水电视台是一家介绍最新的新闻资讯、影视娱乐、社科动漫、时尚信息、生活服务等信息的综合性电视台。本案例要为电视台制作花卉赏析节目，要求符合宣传主题，体现出丰富的花卉和优美的环境。

3. 设计要求

（1）设计要以花卉视频为主导。

（2）设计形式要明快醒目，能表现节目特色。

（3）画面色彩要丰富多样，形成和谐自然的画面。

（4）设计具有特色，能够让人一目了然、印象深刻。

（5）设计规格为 1280（水平）×720（垂直），25.00 帧 / 秒，方形像素 (1.0)。

9.1.2 案例创意及展示

1. 设计素材

【图片素材所在位置】Ch09/ 花卉节目赏析 / 素材 /01~07。

2. 效果展示

【效果文件所在位置】Ch09/ 花卉节目赏析 / 花卉节目赏析 .prproj，具体效果如图 9-1 所示。

扫码观看
本案例视频

扫码观看
扩展案例

图 9-1

3. 技术要点

使用"导入"命令导入素材文件，使用"效果控件"面板编辑视频文件的大小，使用"交叉溶解"特效、"随机块"特效和"交叉缩放"特效制作视频之间的过渡效果。

9.1.3 案例制作

（1）启动 Premiere Pro CC 2019，选择"文件 > 新建 > 项目"命令，弹出"新建项目"对话框，如图 9-2 所示，单击"确定"按钮，新建项目。选择"文件 > 新建 > 序列"命令，弹出"新建序列"对话框，选择"设置"选项进行设置，相关设置如图 9-3 所示，单击"确定"按钮，新建序列。

图 9-2   图 9-3

（2）选择"文件 > 导入"命令，弹出"导入"对话框，选中本书云盘中"Ch09/ 花卉节目赏析 / 素材"中的"01"～"07"文件，如图 9-4 所示，单击"打开"按钮，将素材文件导入"项目"面板中，如图 9-5 所示。

图 9-4   图 9-5

（3）在"项目"面板中，选中"01"文件并将其拖曳到"时间线"面板中的"V1"轨道，弹出"剪辑不匹配警告"对话框，单击"保持现有设置"按钮，在保持现有序列设置的情况下将"01"文件放置在"V1"轨道中，如图 9-6 所示。将时间标签放置在 05:00s 的位置，将鼠标指针放置在"01"文件的结束位置并单击，显示编辑点。当鼠标指针呈 ◀| 状时，向左拖曳鼠标指针到 05:00s 的位置，如图 9-7 所示。

图 9-6   图 9-7

（4）选中"时间线"面板中的"01"文件，如图9-8所示。选择"效果控件"面板，展开"运动"栏，将"缩放"选项设置为162.0，如图9-9所示。

图9-8　　　　　　　　　　　　　　　　　　图9-9

（5）在"项目"面板中，选中"02"文件并将其拖曳到"时间线"面板中的"V2"轨道，如图9-10所示。将时间标签放置在01:15s的位置，将鼠标指针放置在"02"文件的开始位置并单击，显示编辑点。当鼠标指针呈 状时，向右拖曳鼠标指针到01:15s的位置，如图9-11所示。

图9-10　　　　　　　　　　　　　　　　　　图9-11

（6）选中"时间线"面板中的"02"文件，如图9-12所示。选择"效果控件"面板，展开"运动"栏，将"位置"选项设置为640.0和191.0，"缩放"选项设置为0.0，单击"位置"和"缩放"选项左侧的"切换动画"按钮 ，如图9-13所示，记录第1个动画关键帧。

图9-12　　　　　　　　　　　　　　　　　　图9-13

（7）将时间标签放置在03:10s的位置。在"效果控件"面板中，将"位置"选项设置为640.0和303.0，"缩放"选项设置为100.0，如图9-14所示，记录第2个动画关键帧。将时间标签放置在04:15s的位置。在"效果控件"面板中，将"位置"选项设置为640.0和380.0，"缩放"选项设置为180.0，如图9-15所示，记录第2个动画关键帧。

（8）将时间标签放置在05:00s的位置。在"项目"面板中，选中"03"文件并将其拖曳到"时间线"面板中的"V1"轨道，如图9-16所示。选中"时间线"面板中的"03"文件。选择"效果控件"面板，展开"运动"栏，将"缩放"选项设置为162.0，如图9-17所示。

图 9-14

图 9-15

图 9-16

图 9-17

（9）在"项目"面板中，选中"04"文件并将其拖曳到"时间线"面板中的"V2"轨道，如图 9-18
所示。选中"时间线"面板中的"04"文件。选择"效果控件"面板，展开"运动"栏，将"缩放"
选项设置为 162.0，如图 9-19 所示。

图 9-18

图 9-19

（10）将时间标签放置在 12：00s 的位置。在"项目"面板中，选中"05"文件并将其拖曳到"时
间线"面板中的"V1"轨道，如图 9-20 所示。选中"时间线"面板中的"05"文件。选择"效果控件"
面板，展开"运动"栏，将"缩放"选项设置为 162.0，如图 9-21 所示。

图 9-20

图 9-21

（11）将时间标签放置在 15:00s 的位置。在"项目"面板中，选中"06"文件并将其拖曳到"时间线"面板中的"V2"轨道，如图 9-22 所示。选中"时间线"面板中的"06"文件。选择"效果控件"面板，展开"运动"栏，将"缩放"选项设置为 162.0，如图 9-23 所示。

图 9-22   图 9-23

（12）将时间标签放置在 19:00s 的位置。在"项目"面板中，选中"07"文件并将其拖曳到"时间线"面板中的"V1"轨道，如图 9-24 所示。将时间标签放置在 22:00s 的位置，将鼠标指针放置在"07"文件的结束位置并单击，显示编辑点。当鼠标指针呈◀状时，向左拖曳鼠标指针到 22:00s 的位置，如图 9-25 所示。

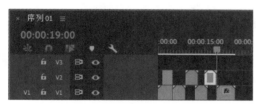

图 9-24   图 9-25

（13）选中"时间线"面板中的"07"文件，如图 9-26 所示。选择"效果控件"面板，展开"运动"栏，将"缩放"选项设置为 162.0，如图 9-27 所示。

图 9-26   图 9-27

（14）选择"效果"面板，展开"视频过渡"栏，单击"溶解"文件夹前面的三角形按钮▶将其展开，选中"交叉溶解"特效，如图 9-28 所示。将"交叉溶解"特效拖曳到"时间线"面板中"V1"轨道的"03"文件的开始位置，如图 9-29 所示。

（15）选择"效果"面板，展开"视频过渡"栏，单击"擦除"文件夹前面的三角形按钮▶将其展开，选中"随机块"特效，如图 9-30 所示。将"随机块"特效拖曳到"时间线"面板中"V2"轨道的"04"文件的结束位置，如图 9-31 所示。

图 9-28

图 9-29

图 9-30

图 9-31

图 9-32

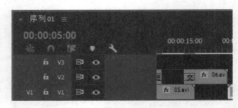

图 9-33

（16）选择"效果"面板，展开"视频过渡"栏，单击"缩放"文件夹前面的三角形按钮▶将其展开，选中"交叉缩放"特效，如图 9-32 所示。将"交叉缩放"特效拖曳到"时间线"面板中"V2"轨道的"06"文件的开始位置，如图 9-33 所示。至此，花卉节目赏析制作完成。

9.2　烹饪节目

9.2.1　案例背景及要求

1. 客户名称

大山美食生活网。

2. 客户需求

大山美食生活网是一家以丰富的美食内容与大量的饮食资讯深受广大网民喜爱的个人网站。本案例要为大山美食生活网制作烹饪赏析节目，要求以动画的方式展现出广式爆炒大虾的制作方法，给人健康、美味和幸福感。

3．设计要求

（1）内容以烹饪食材和方式为主要内容。

（2）使用简洁干净的颜色为背景，以体现洁净、健康的主题。

（3）设计要求表现出简单、便捷的制作方法。

（4）要求整个设计充满特色，让人印象深刻。

（5）设计规格为 1280（水平）×720（垂直），25.00 帧 / 秒，方形像素 (1.0)。

9.2.2　案例创意及展示

1．设计素材

【图片素材所在位置】Ch09/ 烹饪节目 / 素材 /01 ～ 16。

2．效果展示

【效果文件所在位置】Ch09/ 烹饪节目 / 烹饪节目 .prproj，具体效果如图 9–34 所示。

图 9–34

3．技术要点

使用"导入"命令导入素材文件，使用"效果控件"面板编辑视频文件的大小并制作动画，使用"速度 / 持续时间"命令调整视频的播放速度和持续时间，使用"基本图形"面板添加图形文本。

9.2.3　案例制作

（1）启动 Premiere Pro CC 2019，选择"文件 > 新建 > 项目"命令，弹出"新建项目"对话框，如图 9–35 所示，单击"确定"按钮，新建项目。选择"文件 > 新建 > 序列"命令，弹出"新建序列"对话框，选择"设置"选项进行设置，相关设置如图 9–36 所示，单击"确定"按钮，新建序列。

（2）选择"文件 > 导入"命令，弹出"导入"对话框，选中本书云盘中"Ch09/ 烹饪节目赏析 / 素材"中的"01"～"16"文件，如图 9–37 所示，单击"打开"按钮，将素材文件导入"项目"面板中，如图 9–38 所示。

（3）在"项目"面板中，选中"01"文件并将其拖曳到"时间线"面板中的"V1"轨道，如图 9–39 所示。将时间标签放置在 12：00s 的位置，将鼠标指针放置在"01"文件的结束位置并单击，显示编辑点。当鼠标指针呈 状时，向右拖曳鼠标指针到 12：00s 的位置，如图 9–40 所示。

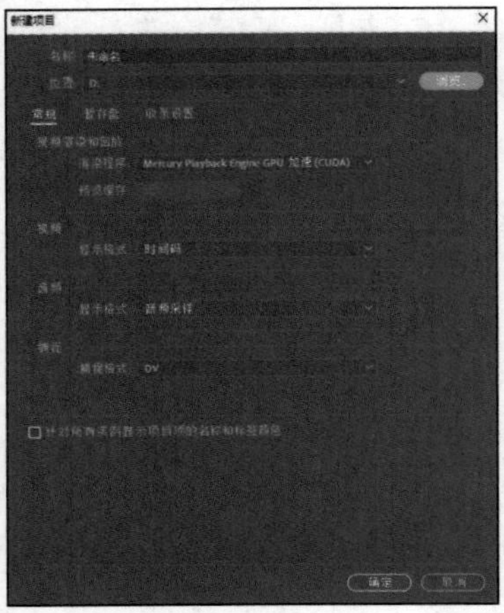

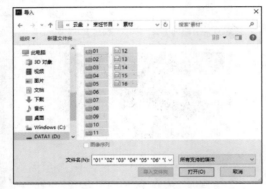

图 9-35 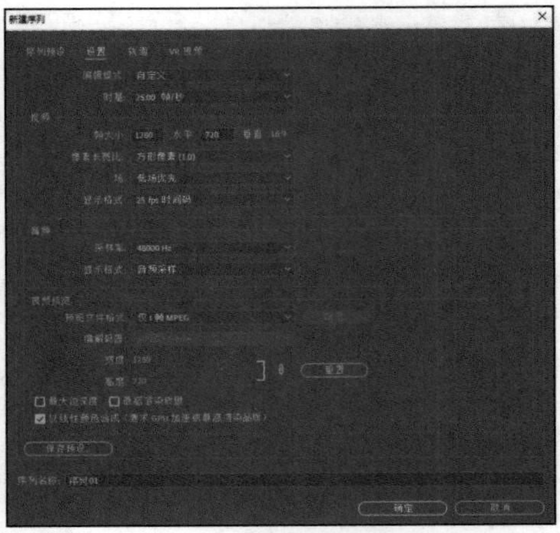 图 9-36

图 9-37

图 9-38

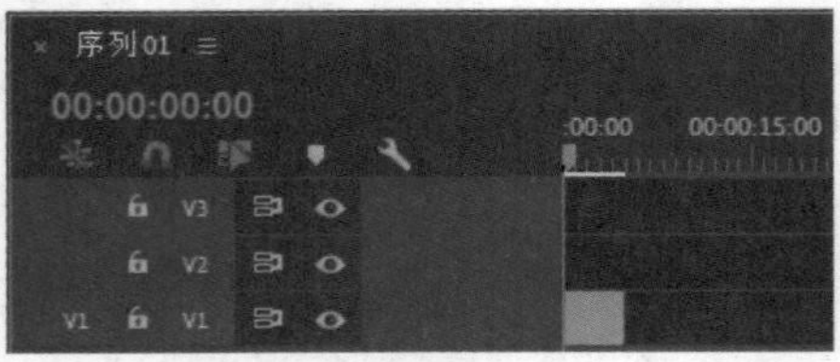

图 9-39 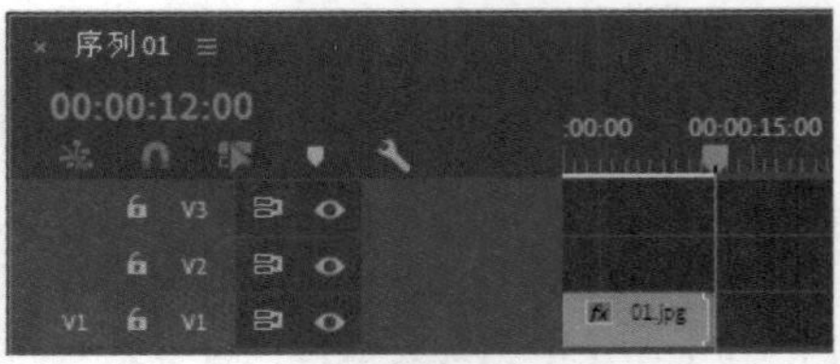 图 9-40

（4）将时间标签放置在 0:12s 的位置，在"项目"面板中，选中"02"文件并将其拖曳到"时间线"面板中的"V2"轨道，如图 9-41 所示。将时间标签放置在 03:16s 的位置，将鼠标指针放置在"02"文件的结束位置并单击，显示编辑点。当鼠标指针呈 ◄ 状时，向右拖曳鼠标指针到 03:16s 的位置，如图 9-42 所示。

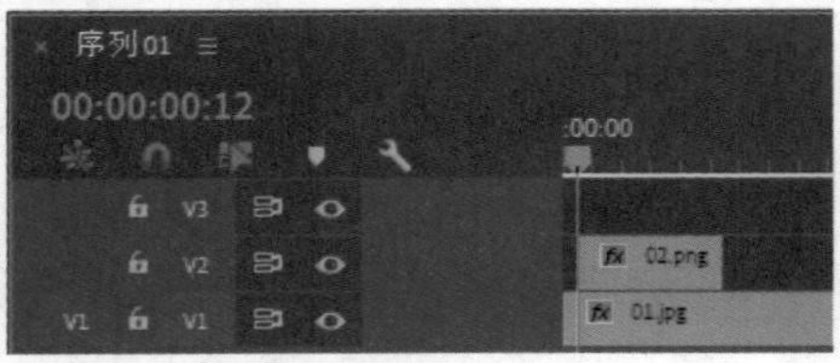

图 9-41 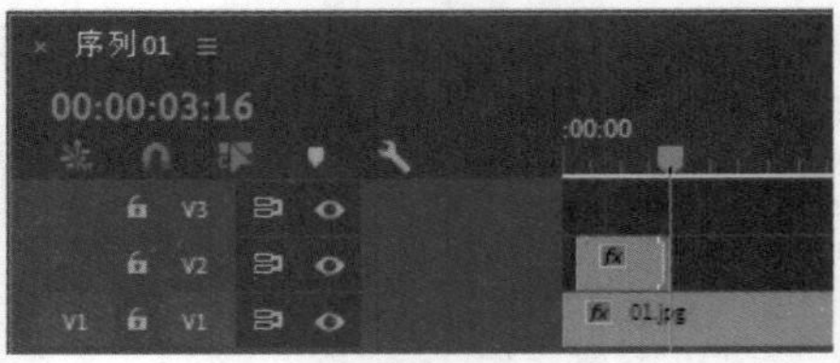 图 9-42

（5）选中"时间线"面板中的"02"文件，如图9-43所示。选择"效果控件"面板，展开"运动"栏，将"缩放"选项设置为30.0，如图9-44所示。

图9-43

图9-44

（6）将时间标签放置在0:18s的位置，在"项目"面板中，选中"03"文件并将其拖曳到"时间线"面板中的"V3"轨道，如图9-45所示。将鼠标指针放置在"03"文件的结束位置并单击，显示编辑点。当鼠标指针呈↤状时，向左拖曳鼠标指针到"02"文件的结束位置，如图9-46所示。

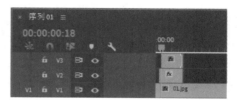

图9-45

图9-46

（7）选中"时间线"面板中的"03"文件。选择"效果控件"面板，展开"运动"栏，将"位置"选项设置为838.0和287.0，"缩放"选项设置为0，单击"缩放"选项左侧的"切换动画"按钮，如图9-47所示，记录第1个动画关键帧。将时间标签放置在0:22s的位置，将"缩放"选项设置为100.0，如图9-48所示，记录第2个动画关键帧。

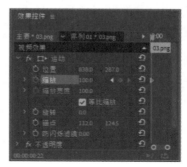

图9-47

图9-48

（8）选择"序列 > 添加轨道"命令，弹出"添加轨道"对话框，进行相关设置，如图9-49所示，单击"确定"按钮，在"时间线"面板中添加了8条视频轨道，如图9-50所示。

（9）将时间标签放置在0:24s的位置，在"项目"面板中，选中"04"文件并将其拖曳到"时间线"面板的"V4"轨道中，如图9-51所示。将鼠标指针放置在"04"文件的结束位置并单击，显示编辑点。当鼠标指针呈↤状时，向左拖曳鼠标指针到"03"文件的结束位置，如图9-52所示。

图 9-49

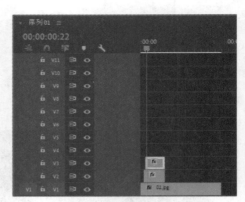

图 9-50

图 9-51

图 9-52

（10）选中"时间线"面板中的"04"文件。选择"效果控件"面板，展开"运动"栏，将"位置"选项设置为 381.0 和 543.0，"缩放"选项设置为 0.0，单击"缩放"选项左侧的"切换动画"按钮 ，如图 9-53 所示，记录第 1 个动画关键帧。将时间标签放置在 01:03s 的位置，将"缩放"选项设置为 100.0，如图 9-54 所示，记录第 2 个动画关键帧。

图 9-53

图 9-54

（11）使用相同的方法添加"05"~"10"文件，在"效果控件"面板中调整其位置并制作缩放动画。将时间标签放置在 02:19s 的位置，在"项目"面板中，选中"11"文件并将其拖曳到"时间线"面板的"V11"轨道中，如图 9-55 所示。将鼠标指针放置在"11"文件的结束位置并单击，显示编辑点。当鼠标指针呈 状时，向左拖曳鼠标指针到"10"文件的结束位置，如图 9-56 所示。

（12）选中"时间线"面板中的"11"文件。选择"效果控件"面板，展开"运动"栏，将"位置"选项设置为 517.0 和 484.0，"缩放"选项设置为 0.0，"旋转"选项设置为 -27.0°，单击"缩放"选项左侧的"切换动画"按钮 ，如图 9-57 所示，记录第 1 个动画关键帧。将时间标签放置在 02:24s 的位置，将"缩放"选项设置为 115.0，如图 9-58 所示，记录第 2 个动画关键帧。

图 9-55

图 9-56

图 9-57

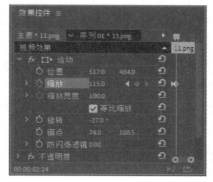

图 9-58

（13）在"项目"面板中，选中"12"文件并将其拖曳到"时间线"面板中的"V2"轨道，如图 9-59 所示。选择"剪辑＞速度／持续时间"命令，弹出"剪辑速度／持续时间"对话框，进行相关设置，如图 9-60 所示，单击"确定"按钮，效果如图 9-61 所示。

（14）将时间标签放置在 04:24s 的位置，将鼠标指针放置在"12"文件的结束位置并单击，显示编辑点。当鼠标指针呈 ▐◀ 状时，向右拖曳鼠标指针到 04:24s 的位置，如图 9-62 所示。

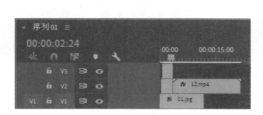

图 9-59

图 9-60

图 9-61

图 9-62

（15）选中"时间线"面板中的"12"文件，如图 9-63 所示。选择"效果控件"面板，展开"运动"栏，将"缩放"选项设置为 34.0，如图 9-64 所示。

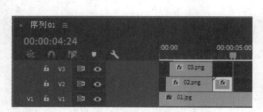

图 9-63

图 9-64

（16）将时间标签放置在 04:16s 的位置，在"项目"面板中，选中"13"文件并将其拖曳到"时间线"面板中的"V3"轨道，如图 9-65 所示。选择"剪辑 > 速度 / 持续时间"命令，弹出"剪辑速度 / 持续时间"对话框，进行相关设置，如图 9-66 所示，单击"确定"按钮，效果如图 9-67 所示。

（17）将时间标签放置在 06:05s 的位置，将鼠标指针放置在"13"文件的结束位置并单击，显示编辑点。当鼠标指针呈 状时，向右拖曳鼠标指针到 06:05s 的位置，如图 9-68 所示。

图 9-65

图 9-66

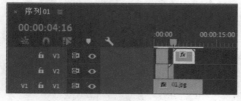

图 9-67

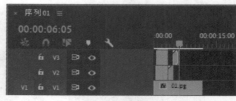

图 9-68

（18）选中"时间线"面板中的"13"文件，如图 9-69 所示。选择"效果控件"面板，展开"运动"栏，将"缩放"选项设置为 67.0，如图 9-70 所示。

图 9-69

图 9-70

（19）使用相同的方法添加"14"~"16"文件，调整其速度／持续时间，并在"效果控件"面板中调整其大小，如图9-71所示。选择"基本图形"面板，单击"编辑"选项卡，单击"新建图层"按钮，在弹出的菜单中选择"文本"命令，如图9-72所示。

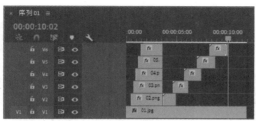

图 9-71   图 9-72

（20）在"时间线"面板中的"V2"轨道生成"新建文本图层"文件，如图9-73所示。此时，"节目"窗口中的效果如图9-74所示。

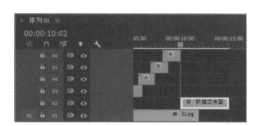

新建文本图层

图 9-73   图 9-74

（21）在"节目"窗口中修改文字，效果如图9-75所示。在"时间线"面板中将鼠标指针放置在"香哈哈厨房"文件的结束位置并单击，显示编辑点。当鼠标指针呈<状时，向左拖曳鼠标指针到"01"文件的结束位置，如图9-76所示。

香哈哈厨房

图 9-75   图 9-76

（22）在"基本图形"面板中选中"香哈哈厨房"图层，"对齐并变换"栏中选项的设置如图9-77所示，在"外观"栏中，将"填充"颜色设置为红色（224、0、27），"文本"栏中选项的设置如图9-78所示。

图 9-77   图 9-78

（23）选中"时间线"面板中的"香哈哈厨房"文件。选择"效果控件"面板，展开"运动"栏，将"位置"选项设置为 640.0 和 62.0，单击"位置"选项左侧的"切换动画"按钮，如图 9–79 所示，记录第 1 个动画关键帧。将时间标签放置在 10:21s 的位置，将"位置"选项设置为 640.0 和 360.0，如图 9–80 所示，记录第 2 个动画关键帧。

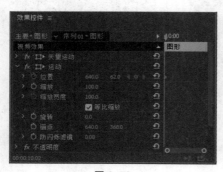

图 9–79 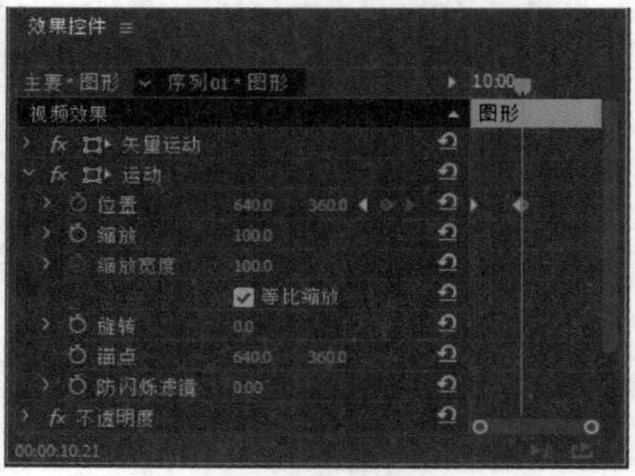   图 9–80

（24）选择"基本图形"面板，单击"编辑"选项卡，单击"新建图层"按钮，在弹出的菜单中选择"文本"命令。在"时间线"面板中的"V3"轨道生成"新建文本图层"文件，如图 9–81 所示。此时，"节目"窗口中的效果如图 9–82 所示。

图 9–81

图 9–82

（25）在"节目"窗口中修改文字，效果如图 9–83 所示。在"时间线"面板中将鼠标指针放置在"让做菜……"文件的结束位置并单击，显示编辑点。当鼠标指针呈状时，向左拖曳鼠标指针到"01"文件的结束位置，如图 9–84 所示。

图 9–83

图 9–84

（26）在"基本图形"面板中选中"香哈哈厨房"图层，"对齐并变换"栏中选项的设置如图 9–85 所示，在"外观"栏中，将"填充"颜色设置为黑灰色（62、62、62），"文本"栏中选项的设置如图 9–86 所示。

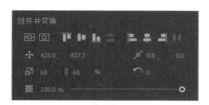

图 9-85　　　　　　　　　　　　　　　　　　图 9-86

（27）选中"时间线"面板中的"香哈哈厨房"文件。选择"效果控件"面板，展开"运动"栏，将"位置"选项设置为 640.0 和 646.0，单击"位置"选项左侧的"切换动画"按钮，如图 9-87 所示，记录第 1 个动画关键帧。将时间标签放置在 10:21s 的位置，将"位置"选项设置为 640.0 和 360.0，如图 9-88 所示，记录第 2 个动画关键帧。至此，烹饪节目赏析制作完成。

图 9-87　　　　　　　　　　　　　　　　　　图 9-88

9.3　运动产品广告

9.3.1　案例背景及要求

1．客户名称

时尚生活电视台。

2．客户需求

时尚生活电视台是一家全方位介绍人们的衣、食、住、行等资讯的时尚生活类电视台。现此电视台新加了运动健身栏目，本案例要制作运动产品广告，要求能体现出运动带给人愉悦且多彩的业余生活。

3．设计要求

（1）广告设计要求以运动产品为主体，体现广告宣传的主题。

（2）设计简洁、大气，能够让人一目了然。

（3）图文搭配要合理，画面要既合理又美观。

（4）颜色对比强烈，能直观地展示广告的性质。

（5）设计规格为 1280（水平）×720（垂直），25.00 帧／秒，方形像素 (1.0)。

9.3.2 案例创意及展示

1. 设计素材

【图片素材所在位置】Ch09/ 运动产品广告 / 素材 /01~03。

2. 效果展示

【效果文件所在位置】Ch09/ 运动产品广告 / 运动产品广告 .prproj，具体效果如图 9-89 所示。

图 9-89

3. 技术要点

使用"导入"命令导入素材文件，使用"效果控件"面板编辑视频文件并制作动画，使用"ProcAmp"特效调整视频颜色，使用"基本图形"面板添加并编辑图形和文本。

9.3.3 案例制作

（1）启动 Premiere Pro CC 2019，选择"文件 > 新建 > 项目"命令，弹出"新建项目"对话框，如图 9-90 所示，单击"确定"按钮，新建项目。选择"文件 > 新建 > 序列"命令，弹出"新建序列"对话框，选择"设置"选项进行设置，相关设置如图 9-91 所示，单击"确定"按钮，新建序列。

图 9-90

图 9-91

（2）选择"文件 > 导入"命令，弹出"导入"对话框，选中本书云盘中"Ch09/ 运动产品广告 / 素材"中的"01"～"03"文件，如图 9-92 所示，单击"打开"按钮，将素材文件导入"项目"面板中，如图 9-93 所示。

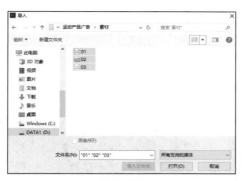

图 9-92   图 9-93

（3）在"项目"面板中，选中"01"文件并将其拖曳到"时间线"面板中的"V1"轨道，如图 9-94 所示。将时间标签放置在 05:00s 的位置，将鼠标指针放置在"01"文件的结束位置并单击，显示编辑点。当鼠标指针呈 ┫ 状时，向左拖曳鼠标指针到 05:00s 的位置，如图 9-95 所示。

图 9-94   图 9-95

（4）选中"时间线"面板中的"01"文件，如图 9-96 所示。选择"效果控件"面板，展开"运动"栏，将"缩放"选项设置为 67.0，如图 9-97 所示。

图 9-96   图 9-97

（5）选择"效果"面板，展开"视频效果"栏，单击"调整"文件夹前面的三角形按钮▶将其展开，选中"ProcAmp"特效，如图 9-98 所示。将"ProcAmp"特效拖曳到"时间线"面板中 V1 轨道的"01"文件上。选择"效果控件"面板，展开"ProcAmp"栏，相关选项的设置如图 9-99 所示。

图 9-98   图 9-99

（6）选择"基本图形"面板，单击"编辑"选项卡，单击"新建图层"按钮 🔳，在弹出的菜单中选择"文本"命令。在"时间线"面板中的"V2"轨道生成"新建文本图层"文件，如图 9-100 所示。此时，"节目"窗口中的效果如图 9-101 所示。

图 9-100

图 9-101

（7）在"节目"窗口中修改文字，效果如图 9-102 所示。将时间标签放置在 0:13s 的位置，将鼠标指针放置在"运动"文件的结束位置并单击，显示编辑点。当鼠标指针呈 ◀▶ 状时，向左拖曳鼠标指针到 0:13s 的位置，如图 9-103 所示。

图 9-102

图 9-103

（8）将时间标签放置在 0s 的位置。在"基本图形"面板中选中"运动"图层，"对齐并变换"栏中选项的设置如图 9-104 所示，"文本"栏中选项的设置如图 9-105 所示。

图 9-104

图 9-105

（9）选中"时间线"面板中的"运动"文件。选择"效果控件"面板，展开"运动"栏，将"位置"选项设置为 640.0 和 360.0，单击"位置"选项左侧的"切换动画"按钮 ⏱，如图 9-106 所示，记录第 1 个动画关键帧。将时间标签放置在 0:05s 的位置，在"效果控件"面板中，将"位置"选项设置为 569.0 和 360.0，记录第 2 个动画关键帧。单击"缩放"选项左侧的"切换动画"按钮 ⏱，如图 9-107 所示，记录第 1 个动画关键帧。

（10）将时间标签放置在 0:12s 的位置。在"效果控件"面板中，将"缩放"选项设置为 70.0，如图 9-108 所示，记录第 2 个动画关键帧。

图 9-106

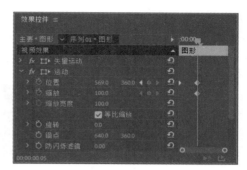

图 9-107

图 9-108

（11）将时间标签放置在 0:05s 的位置，取消"时间线"面板中"运动"文件的选中状态。选择"基本图形"面板，选择"编辑"选项卡，单击"新建图层"按钮 ，在弹出的菜单中选择"文本"命令。在"时间线"面板中的"V3"轨道生成"新建文本图层"文件，如图 9-109 所示。此时，"节目"窗口中的效果如图 9-110 所示。

图 9-109

图 9-110

（12）在"节目"窗口中修改文字，效果如图 9-111 所示。将鼠标指针放置在"艺术"文件的结束位置并单击，显示编辑点。当鼠标指针呈 状时，向左拖曳鼠标指针到"运动"文件的结束位置，如图 9-112 所示。

图 9-111

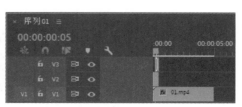

图 9-112

（13）在"基本图形"面板中选中"艺术"图层，"对齐并变换"栏中选项的设置如图9-113所示，"文本"栏中选项的设置如图9-114所示。

图 9-113　　　　　　　　　　　　　　图 9-114

（14）选中"时间线"面板中的"艺术"文件。选择"效果控件"面板，展开"运动"栏，单击"缩放"选项左侧的"切换动画"按钮 ，如图9-115所示，记录第1个动画关键帧。将时间标签放置在0:12s的位置，在"效果控件"面板中，将"缩放"选项设置为70.0，如图9-116所示，记录第2个动画关键帧。

图 9-115　　　　　　　　　　　　　　图 9-116

（15）将时间标签放置在0:13s的位置，取消"时间线"面板中"艺术"文件的选中状态。选择"基本图形"面板，单击"编辑"选项卡，单击"新建图层"按钮 ，在弹出的菜单中选择"文本"命令。在"时间线"面板中的"V2"轨道生成"新建文本图层"文件，如图9-117所示。在"节目"窗口中修改文字，如图9-118所示。

图 9-117　　　　　　　　　　　　　　图 9-118

（16）将时间标签放置在01:04s的位置，将鼠标指针放置在"来源于生活"文件的结束位置并单击，显示编辑点。当鼠标指针呈 状时，向左拖曳鼠标指针到01:04s的位置，如图9-119所示。

图 9-119

（17）在"时间线"面板中选中"来源于生活"文件。在"基本图形"面板中选中"来源于生活"图层，"对齐并变换"栏中选项的设置如图9-120所示，"文本"栏中选项的设置如图9-121所示。使用相同的方法制作其他文字，如图9-122所示。

图 9-120　　　　　　　　　　图 9-121

图 9-122

（18）选择"基本图形"面板，单击"编辑"选项卡，单击"新建图层"按钮，在弹出的菜单中选择"矩形"命令，如图9-123所示。在"时间线"面板中的"V2"轨道生成"图形"文件，如图9-124所示。此时，"节目"窗口中的效果如图9-125所示。

（19）在"时间线"面板中选中"图形"文件。在"基本图形"面板中选中"形状01"图层，在"外观"栏中将"填充"颜色设置为红色（230、61、24），"对齐并变换"栏中选项的设置如图9-126所示。

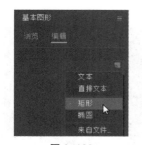

图 9-123　　　　　　　　　　图 9-124

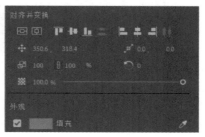

图 9-125　　　　　　　　　　图 9-126

（20）选择工具面板中的"钢笔工具" ，在"节目"窗口中选择右上角的锚点，将其拖曳到适当的位置，效果如图 9-127 所示。使用相同的方法调整右下角和左下角的锚点，效果如图 9-128 所示。

图 9-127　　　　　　　　　　　　　　　　图 9-128

（21）将鼠标指针放置在"图形"文件的结束位置并单击，显示编辑点。当鼠标指针呈 状时，向左拖曳鼠标指针到"01"文件的结束位置，如图 9-129 所示。

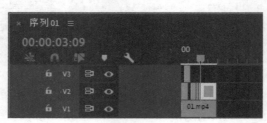

图 9-129

（22）选择"效果控件"面板，展开"形状（形状 01）"栏，取消勾选"等比缩放"复选框，将"垂直缩放"选项设置为 0，单击"垂直缩放"选项左侧的"切换动画"按钮 ，如图 9-130 所示，记录第 1 个动画关键帧。将时间标签放置在 03:22s 的位置，在"效果控件"面板中，将"垂直缩放"选项设置为 100，如图 9-131 所示，记录第 2 个动画关键帧。

图 9-130　　　　　　　　　　　　　　　　图 9-131

（23）将时间标签放置在 03:14s 的位置，在"项目"面板中，选中"02"文件并将其拖曳到"时间线"面板中的"V3"轨道，如图 9-132 所示。将鼠标指针放置在"02"文件的结束位置并单击，显示编辑点。当鼠标指针呈 状时，向左拖曳鼠标指针到"01"文件的结束位置，如图 9-133 所示。

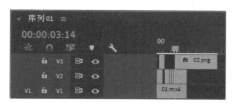
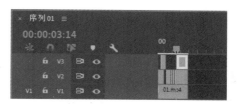

图 9-132　　　　　　　　　　　　　　图 9-133

（24）将时间标签放置在 03:20s 的位置，选择"效果控件"面板，展开"运动"栏，将"位置"选项设置为 590.0 和 437.0，单击"位置"选项左侧的"切换动画"按钮 ⏱，如图 9-134 所示，记录第 1 个动画关键帧。将时间标签放置在 04:03s 的位置，将"位置"选项设置为 590.0 和 370.0，如图 9-135 所示，记录第 2 个动画关键帧。

图 9-134　　　　　　　　　　　　　　图 9-135

（25）将时间标签放置在 03:20s 的位置，选择"效果控件"面板，展开"不透明度"栏，将"不透明度"选项设置为 0.0%，如图 9-136 所示，记录第 1 个动画关键帧。将时间标签放置在 03:22s 的位置，将"不透明度"选项设置为 100.0%，如图 9-137 所示，记录第 2 个动画关键帧。

图 9-136　　　　　　　　　　　　　　图 9-137

（26）在"项目"面板中，选中"03"文件并将其拖曳到"时间线"面板中的"A1"轨道，如图 9-138 所示。将鼠标指针放置在"03"文件的结束位置并单击，显示编辑点。当鼠标指针呈 ◀ 状时，向左拖曳鼠标指针到"01"文件的结束位置，如图 9-139 所示。至此，运动产品广告制作完成。

图 9-138　　　　　　　　　　　　　　图 9-139

9.4 环保宣传片

9.4.1 案例背景及要求

1. 客户名称

星旅电视台。

2. 客户需求

星旅电视台是一家旅游电视台，强调宏观上专业旅游频道节目的特征与微观上综合满足观众娱乐需要的节目特征之间的高度统一，以旅游资讯为主线，时尚、娱乐并重。为了配合星旅电视台宣传环保的大力行动，需要制作环保纪录片，要求符合环保主题，体现出低碳、节能的绿色生活。

3. 设计要求

（1）设计风格要求直观醒目、发人深省。

（2）设计形式要独特且充满创意感。

（3）表现形式层次分明，具有吸引力。

（4）设计具有发动性，能够引起人们保护环境的共鸣。

（5）设计规格为1280（水平）×720（垂直），25.00帧／秒，方形像素(1.0)。

9.4.2 案例创意及展示

1. 设计素材

【图片素材所在位置】Ch09/ 环保宣传片 / 素材 /01 ～ 10。

2. 效果展示

【效果文件所在位置】Ch09/ 环保宣传片 / 环保宣传片 .prproj，具体效果如图 9-140 所示。

扫码观看
本案例视频

图 9-140

3. 技术要点

使用"导入"命令导入素材文件，使用"速度／持续时间"命令调整素材文件的播放速度和持续时间，使用"效果控件"面板编辑视频文件并制作动画，使用"效果"面板添加素材文件之间的过渡特效。

9.4.3 案例制作

（1）启动 Premiere Pro CC 2019，选择"文件 > 新建 > 项目"命令，弹出"新建项目"对话框，如图 9-141 所示，单击"确定"按钮，新建项目。选择"文件 > 新建 > 序列"命令，弹出"新建序列"对话框，选择"设置"选项进行设置，相关设置如图 9-142 所示，单击"确定"按钮，新建序列。

图 9-141　　　　　　　　　　　　　　　图 9-142

（2）选择"文件 > 导入"命令，弹出"导入"对话框，选中本书云盘中"Ch09/ 环保宣传片 / 素材"中的"01"～"10"文件，如图 9-143 所示，单击"打开"按钮，将素材文件导入"项目"面板中，如图 9-144 所示。

图 9-143　　　　　　　　　　　　　　　图 9-144

（3）在"项目"面板中，选中"01"文件并将其拖曳到"时间线"面板中的"V1"轨道，弹出"剪辑不匹配警告"对话框，单击"保持现有设置"按钮，在保持现有序列设置的情况下将"01"文件放置在"V1"轨道中，如图 9-145 所示。

（4）选中"时间线"面板中的"01"文件。选择"剪辑 > 速度 / 持续时间"命令，弹出"剪辑速度 / 持续时间"对话框，进行相关设置，如图 9-146 所示，单击"确定"按钮，效果如图 9-147 所示。

（5）将时间标签放置在 01:01s 的位置，在"项目"面板中，选中"03"文件并将其拖曳到"时间线"面板中的"V2"轨道，如图 9-148 所示。将鼠标指针放置在"03"文件的结束位置并单击，显示编辑点。当鼠标指针呈 ◄ 状时，向左拖曳鼠标指针到"01"文件的结束位置，如图 9-149 所示。

图 9-145 图 9-146

图 9-147

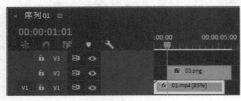 

图 9-148 图 9-149

（6）选择"效果控件"面板，展开"运动"栏，将"位置"选项设置为638.0和694.8，"缩放"选项设置为163.0，单击"位置"选项左侧的"切换动画"按钮，如图9-150所示，记录第1个动画关键帧。将时间标签放置在01:17s的位置，在"效果控件"面板中，将"位置"选项设置为638.0和511.8，如图9-151所示，记录第2个动画关键帧。

图 9-150 图 9-151

（7）将时间标签放置在0:11s的位置，在"项目"面板中，选中"02"文件并将其拖曳到"时间线"面板中的"V3"轨道，如图9-152所示。选中"时间线"面板中的"02"文件。选择"效果控件"面板，展开"运动"栏，将"位置"选项设置为640.0和613.2，"缩放"选项设置为163.0，如图9-153所示。

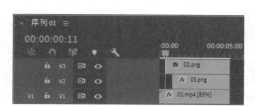

图 9-152　　　　　　　　　　　　　　　　图 9-153

（8）选择"序列 > 添加轨道"命令，弹出"添加轨道"对话框，进行相关设置，如图 9-154 所示，单击"确定"按钮，添加 7 条视频轨道，如图 9-155 所示。

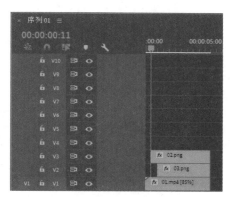

图 9-154　　　　　　　　　　　　　　　　图 9-155

（9）将时间标签放置在 01:08s 的位置，在"项目"面板中，选中"04"文件并将其拖曳到"时间线"面板的"V4"轨道中，如图 9-156 所示。将鼠标指针放置在"04"文件的结束位置并单击，显示编辑点。当鼠标指针呈◄状时，向左拖曳鼠标指针到"02"文件的结束位置，如图 9-157 所示。

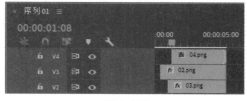

图 9-156　　　　　　　　　　　　　　　　图 9-157

（10）选择"效果控件"面板，展开"运动"栏，将"位置"选项设置为 -203.6 和 505.2，"缩放"选项设置为 150.0，单击"位置"选项左侧的"切换动画"按钮，如图 9-158 所示，记录第 1 个动画关键帧。将时间标签放置在 02:01s 的位置，将"位置"选项设置为 168.4 和 505.2，如图 9-159 所示，记录第 2 个动画关键帧。

（11）将时间标签放置在 02:04s 的位置。选择"效果控件"面板，展开"不透明度"栏，单击"不透明度"选项右侧的"添加 / 移除关键帧"按钮，如图 9-160 所示，记录第 1 个动画关键帧。将时间标签放置在 02:05s 的位置，将"不透明度"选项设置为 50.0%，如图 9-161 所示，记录第 2 个动画关键帧。

图 9-158

图 9-159

图 9-160

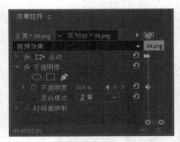

图 9-161

（12）将时间标签放置在 02:06s 的位置，将"不透明度"选项设置为 100.0%，如图 9-162 所示，记录第 3 个动画关键帧。将时间标签放置在 02:08s 的位置，将"不透明度"选项设置为 50.0%，如图 9-163 所示，记录第 4 个动画关键帧。

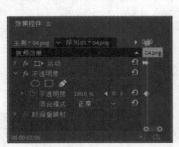

图 9-162

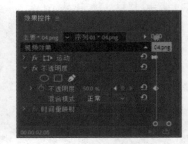

图 9-163

（13）将时间标签放置在 02:09s 的位置，将"不透明度"选项设置为 100.0%，如图 9-164 所示，记录第 5 个动画关键帧。使用相同的方法在"时间线"面板中添加"05"～"08"文件，并制作动画效果，如图 9-165 所示。

图 9-164

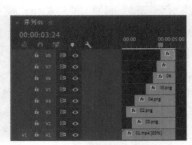

图 9-165

（14）将时间标签放置在04:05s的位置，在"项目"面板中，选中"09"文件并将其拖曳到"时间线"面板中的"V9"轨道，如图9-166所示。将鼠标指针放置在"09"文件的结束位置并单击，显示编辑点。当鼠标指针呈◀状时，向左拖曳鼠标指针到"08"文件的结束位置，如图9-167所示。

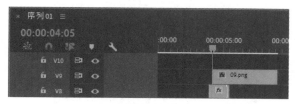

图9-166

图9-167

（15）选中"时间线"面板中的"09"文件。选择"效果控件"面板，展开"运动"栏，将"位置"选项设置为174.1和99.1，"缩放"选项设置为20.0，"旋转"选项设置为30.0°，单击"位置""缩放"和"旋转"选项左侧的"切换动画"按钮，如图9-168所示，记录第1个动画关键帧。将时间标签放置在05:01s的位置，选择"效果控件"面板，将"位置"选项设置为325.9和106.8，"缩放"选项设置为50.0，"旋转"选项设置为15.0°，如图9-169所示，记录第2个动画关键帧。

图9-168

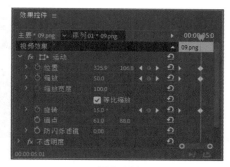

图9-169

（16）将时间标签放置在04:05s的位置，在"项目"面板中，选中"10"文件并将其拖曳到"时间线"面板中的"V10"轨道，如图9-170所示。将鼠标指针放置在"10"文件的结束位置并单击，显示编辑点。当鼠标指针呈◀状时，向左拖曳鼠标指针到"09"文件的结束位置，如图9-171所示。

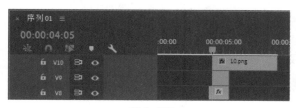

图9-170

图9-171

（17）选中"时间线"面板中的"10"文件。选择"效果控件"面板，展开"运动"栏，将"位置"选项设置为1038.5和443.1，"缩放"选项设置为20.0，"旋转"选项设置为30.0°，单击"位置""缩放"和"旋转"选项左侧的"切换动画"按钮，如图9-172所示，记录第1个动画关键帧。将时间标签放置在04:22s的位置，在"效果控件"面板中，将"位置"选项设置为983.5和

391.1, "缩放" 选项设置为 50.0, "旋转" 选项设置为 15.0°, 如图 9-173 所示, 记录第 2 个动画关键帧。

图 9-172   图 9-173

（18）将时间标签放置在 05:08s 的位置, 在 "效果控件" 面板中, 将 "位置" 选项设置为 951.5 和 428.1, "缩放" 选项设置为 100.0, "旋转" 选项设置为 0.0°, 如图 9-174 所示, 记录第 3 个动画关键帧。

图 9-174

（19）选择 "效果" 面板, 展开 "视频过渡" 栏, 单击 "滑动" 文件夹前面的三角形按钮▶将其展开, 选中 "推" 特效, 如图 9-175 所示。将 "推" 特效拖曳到 "时间线" 面板中 "V3" 轨道的 "03" 文件的开始位置, 如图 9-176 所示。

图 9-175   图 9-176

（20）选择 "效果" 面板, 展开 "视频过渡" 栏, 单击 "划像" 文件夹前面的三角形按钮▶将其展开, 选中 "圆划像" 特效, 如图 9-177 所示。将 "圆划像" 特效拖曳到 "时间线" 面板 "V6" 轨道中的 "06" 文件的开始位置, 如图 9-178 所示。

（21）使用相同的方法在 "07" 和 "08" 文件的开始位置添加 "圆划像" 和 "风车" 特效, 如图 9-179 所示。至此, 环保宣传片制作完成。

图 9-177

图 9-178

图 9-179

9.5 音乐歌曲 MV

9.5.1 案例背景及要求

1. 客户名称

渃优歌曲网站。

2. 客户需求

渃优歌曲网站是一家拥有正版及完整曲库、歌曲更新迅速、试听流畅、口碑极佳的网站。本案例要进行卡拉 OK 歌曲的制作，设计要符合歌曲的意境和主题，让人一目了然，给人清新、醒目感。

3. 设计要求

（1）设计要以歌曲主题照片为主导。

（2）设计要主题突出，有层次感，能表现歌曲特色。

（3）画面色彩要清晰醒目，具有特点。

（4）设计风格要有特色，能够让人一目了然、印象深刻。

（5）设计规格为 1280（水平）×720（垂直），25.00 帧 / 秒，方形像素 (1.0)。

9.5.2 案例创意及展示

1. 设计素材

【图片素材所在位置】Ch09/音乐歌曲 MV/ 素材 /01~09。

2. 效果展示

【效果文件所在位置】Ch09/ 音乐歌曲 MV/ 音乐歌曲 MV.prproj，具体效果如图 9-180 所示。

扫码观看
本案例视频

扫码观看
扩展案例

图 9-180

3. 技术要点

使用"字幕"命令添加并编辑文字，使用"效果控件"面板编辑视频的位置、缩放和不透明度，制作动画效果，使用"亮度曲线"特效、"交叉溶解"特效、"颜色键"特效和"划出"特效制作动画效果。

9.5.3 案例制作

（1）启动 Premiere Pro CC 2019，选择"文件 > 新建 > 项目"命令，弹出"新建项目"对话框，如图 9-181 所示，单击"确定"按钮，新建项目。选择"文件 > 新建 > 序列"命令，弹出"新建序列"对话框，单击"设置"选项进行设置，相关设置如图 9-182 所示，单击"确定"按钮，新建序列。

图 9-181   图 9-182

（2）选择"文件 > 导入"命令，弹出"导入"对话框，选中本书云盘中"Ch09/ 音乐歌曲 MV/ 素材"中的"01"～"09"文件，如图 9-183 所示，单击"打开"按钮，将素材文件导入"项目"面板中，如图 9-184 所示。

（3）选择"文件 > 新建 > 旧版标题"命令，弹出"新建字幕"对话框，相关设置如图 9-185 所示，单击"确定"按钮，打开"字幕"窗口。选择"旧版标题工具"面板中的"文字工具" **T**，在"字幕"窗口中输入需要的文字。在"旧版标题属性"面板中展开"属性"栏，相关选项的设置如图 9-186 所示。

图 9-183

图 9-184

图 9-185

图 9-186

（4）展开"填充"栏，将"颜色"选项设置为蓝色（2、175、232）。展开"阴影"栏，将阴影颜色设置为白色（255、255、255），其他选项的设置如图 9-187 所示。此时，"字幕"窗口中的效果如图 9-188 所示。使用相同的方法制作"字幕 02"。

图 9-187

图 9-188

（5）选择"文件 > 新建 > 旧版标题"命令，弹出"新建字幕"对话框，相关设置如图 9-189 所示，单击"确定"按钮，打开"字幕"窗口。选择"旧版标题工具"面板中的"椭圆工具" ⬭，在"字幕"窗口中绘制圆形。在"旧版标题属性"面板中设置填充颜色为橙色（237、150、26）。此时，"字幕"窗口中的效果如图 9-190 所示。

（6）在"项目"面板中，选中"01"文件并将其拖曳到"时间线"面板中的"V1"轨道，弹出"剪辑不匹配警告"对话框，如图 9-191 所示，单击"保持现有设置"按钮，在保持现有序列设置的情况下将"01"文件放置在"V1"轨道中，如图 9-192 所示。

（7）选择"剪辑 > 速度 / 持续时间"命令，弹出"剪辑速度 / 持续时间"对话框，相关设置如图 9-193 所示，单击"确定"按钮。此时，"时间线"面板如图 9-194 所示。

图 9-189　　　　　　　　　　　　　图 9-190

图 9-191　　　　　　　　　　　　　图 9-192

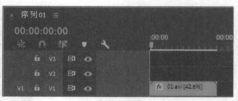

图 9-193　　　　　　　　　　　　　图 9-194

（8）将时间标签放置在 22:09s 的位置，将鼠标指针放置在"01"文件的结束位置，当鼠标指针呈◀状时，向左拖曳鼠标指针到 22:09s 的位置，如图 9-195 所示。使用相同的方法在"时间线"面板中添加其他文件，并调整其播放时间，如图 9-196 所示。

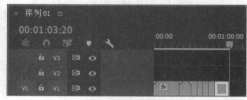

图 9-195　　　　　　　　　　　　　图 9-196

（9）将时间标签放置在 0s 的位置。选中"时间线"面板中的"01"文件。选择"窗口 > 效果"命令，打开"效果"面板，展开"视频效果"栏，单击"过时"文件夹前面的三角形按钮▶将其展开，选中"亮度曲线"特效，如图 9-197 所示。

（10）将"亮度曲线"特效拖曳到"时间线"面板的"01"文件中。在"效果控件"面板中展开"亮度曲线"栏，在"亮度波形"选项区域中添加节点并将其拖曳到适当的位置，其他选项的设置如图 9-198 所示。

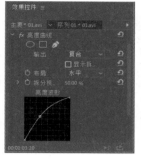

图 9-197   图 9-198

（11）选中"时间线"面板中的"04"文件。将时间标签放置在 37:09s 的位置，在"效果控件"面板中展开"运动"栏，将"缩放"选项设置为 180.0，单击"缩放"选项左侧的"切换动画"按钮 🔘，如图 9-199 所示，记录第 1 个动画关键帧。将时间标签放置在 41:17s 的位置，将"缩放"选项设置为 162.0，如图 9-200 所示，记录第 2 个动画关键帧。

图 9-199   图 9-200

（12）选中"时间线"面板中的"07"文件。将时间标签放置在 51:18s 的位置，在"效果控件"面板中展开"运动"栏，将"位置"选项设置为 330.0 和 360.0，"缩放"选项设置为 162.0，单击"位置"选项左侧的"切换动画"按钮 🔘，如图 9-201 所示，记录第 1 个动画关键帧。将时间标签放置在 01:03:20s 的位置，将"位置"选项设置为 940.0 和 360.0，如图 9-202 所示，记录第 2 个动画关键帧。

图 9-201   图 9-202

（13）在"效果"面板中展开"视频过渡"栏，单击"溶解"文件夹前面的三角形按钮 ▶ 将其展开，选中"交叉溶解"特效，如图 9-203 所示。将"交叉溶解"特效拖曳到"时间线"面板中的"01"文件的结束位置和"02"文件的开始位置，如图 9-204 所示。

图 9-203

图 9-204

（14）选中"时间线"面板中的"交叉溶解"特效。在"效果控件"面板中，将"持续时间"选项设置为 04：00，如图 9-205 所示。此时，"时间线"面板如图 9-206 所示。使用相同的方法为其他文件添加适当的切换特效，效果如图 9-207 所示。

图 9-205

图 9-206

图 9-207

（15）将时间标签放置在 0s 的位置，在"项目"面板中，选中"08"文件并将其拖曳到"时间线"面板中的"V2"轨道，如图 9-208 所示。选中"时间线"面板中的"08"文件。将时间标签放置在 0s 的位置，选择"效果控件"面板，展开"运动"栏，将"位置"选项设置为 714.0 和 645.0，"缩放"选项设置为 85.0，如图 9-209 所示。

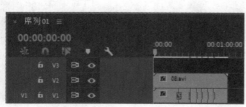
图 9-208

图 9-209

（16）将时间标签放置在 10:00s 的位置，选择"效果控件"面板，展开"不透明度"栏，将"不透明度"选项设置为 0.0%，如图 9-210 所示，记录第 1 个动画关键帧。将时间标签放置在 11:00s 的位置，将"不透明度"选项设置为 100.0%，如图 9-211 所示，记录第 2 个动画关键帧。

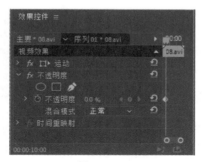 

图 9-210　　　　　　　　　　　　　　　图 9-211

（17）选择"效果"面板，展开"视频效果"栏，单击"键控"文件夹前面的三角形按钮▶将其展开，选中"颜色键"特效，如图 9-212 所示。将"颜色键"特效拖曳到"时间线"面板中的"08"文件上，如图 9-213 所示。

图 9-212　　　　　　　　　　　　　　　图 9-213

（18）选择"文件 > 新建 > 序列"命令，弹出"新建序列"对话框，相关设置如图 9-214 所示，单击"确定"按钮，新建"序列 02"。此时，"时间线"面板如图 9-215 所示。

图 9-214　　　　　　　　　　　　　　　图 9-215

（19）在"项目"面板中选中"字幕03"文件并将其拖曳到"时间线"面板中的"V1"轨道，如图9-216所示。将时间标签放置在3:00s的位置，将鼠标指针放置在"字幕03"文件的结束位置，当鼠标指针呈 状时，向左拖曳鼠标指针到3:00s的位置，如图9-217所示。

图 9-216

图 9-217

（20）将时间标签放置在1:00s的位置，在"项目"面板中，选中"字幕03"文件并将其拖曳到"时间线"面板中的"V2"轨道。将时间标签放置在3:00s的位置，将鼠标指针放置在"字幕03"文件的结束位置，当鼠标指针呈 状时，向左拖曳鼠标指针到3:00s的位置，如图9-218所示。使用相同的方法再次在"V3"轨道中添加"字幕03"文件，如图9-219所示。

图 9-218

图 9-219

（21）将时间标签放置在1:00s的位置。选中"时间线"面板中"V2"轨道的"字幕03"文件。选择"效果控件"面板，展开"运动"栏，将"位置"选项设置为684.0和360.0，如图9-220所示。将时间标签放置在2:00s的位置。选中"时间线"面板"V3"轨道中的"字幕03"文件。选择"效果控件"面板，展开"运动"栏，将"位置"选项设置为729.0和360.0，如图9-221所示。

图 9-220

图 9-221

（22）将时间标签放置在10:00s的位置，在"时间线"面板中选中"序列01"。在"项目"面板中，选中"序列02"文件并将其拖曳到"时间线"面板中的"V3"轨道，如图9-222所示。选择"序列 > 添加轨道"命令，弹出"添加轨道"对话框，进行相关设置，如图9-223所示，单击"确定"按钮，在"时间线"面板中添加了2条视频轨道。

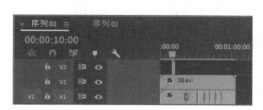
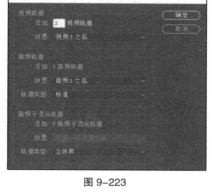

图 9-222   图 9-223

（23）将时间标签放置在 4:00s 的位置，在"项目"面板中，选中"字幕 02"文件并将其拖曳到"时间线"面板中的"V4"轨道，如图 9-224 所示。将时间标签放置在 10:00s 的位置，将鼠标指针放置在"字幕 02"文件的结束位置，当鼠标指针呈 状时，向右拖曳鼠标指针到 10:00s 的位置，如图 9-225 所示。使用相同的方法添加"字幕 01"文件到"时间线"面板中，如图 9-226 所示。

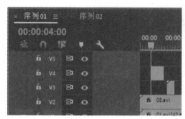  

图 9-224   图 9-225   图 9-226

（24）选择"效果"面板，展开"视频过渡"栏，单击"擦除"文件夹前面的三角形按钮 将其展开，选中"划出"特效，如图 9-227 所示。将"划出"特效拖曳到"时间线"面板中的"字幕 01"文件的开始位置。在"时间线"面板中选中"划出"特效，在"效果控件"面板中将"持续时间"选项设置为 03:23，如图 9-228 所示。

图 9-227   图 9-228

（25）将时间标签放置在 0s 的位置，在"项目"面板中，选中"09"文件并将其拖曳到"时间线"面板的"A1"轨道中。将鼠标指针放置在"09"文件的结束位置，当鼠标指针呈 状时，向左拖曳鼠标指针到"01"文件的结束位置，如图 9-229 所示。在"效果控件"面板中，展开"音量"栏，将"级别"选项设置为 -100.0dB，如图 9-230 所示，记录第 1 个动画关键帧。

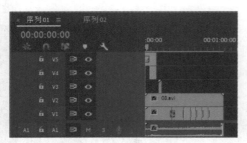

图 9-229　　　　　　　　　　　　　　　　图 9-230

（26）将时间标签放置在 04:00s 的位置，将"级别"选项设置为 0.0dB，如图 9-231 所示，记录第 2 个动画关键帧。将时间标签放置在 01:00:20s 的位置，单击"级别"选项右侧的"添加 /移除关键帧"按钮 ⬦，如图 9-232 所示，记录第 3 个动画关键帧。

图 9-231　　　　　　　　　　　　　　　　图 9-232

（27）将时间标签放置在 01:03:20s 的位置，将"级别"选项设置为 -200.0dB，如图 9-233 所示，记录第 4 个动画关键帧。至此，音乐歌曲 MV 制作完成。

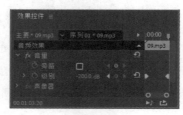

图 9-233

课堂练习——玩具城纪录片

1. 案例背景及要求

（1）客户名称：趣味玩具城。

（2）客户需求：趣味玩具城是一家玩具制造场，玩具种类多样且追求卓越的品质，坚持为顾客持续提供新颖优质的智能、娱乐产品。这里需要为趣味玩具城制作纪录片，要求以动画的方式展现出趣味玩具城给游客带来了欢乐。

（3）设计要求如下。

① 画面以动画的形式进行表述。

② 以趣味玩具城的各类产品为主要内容。

③ 使用暖色的片头烘托出明亮、健康、温暖的氛围。

④ 要求整个设计充满特色，让人印象深刻。

⑤ 设计规格为 1280（水平）×720（垂直），25.00 帧 / 秒，方形像素 (1.0)。

2．案例创意及展示

（1）设计素材。

【图片素材所在位置】Ch09/ 玩具城纪录片 / 素材 /01~07。

（2）效果展示。

【效果文件所在位置】Ch09/ 玩具城纪录片 / 玩具城纪录片 .prproj，具体效果如图 9-234 所示。

扫码观看
本案例视频

图 9-234

（3）技术要点。

使用"效果控件"面板编辑视频并制作动画效果，使用"速度 / 持续时间"命令调整视频素材的播放速度和持续时间，使用视频过渡特效添加视频间的切换效果，使用"颜色键"特效抠出魔方图像。

课后习题——汽车宣传广告

1．案例背景及要求

（1）客户名称：安迪 4S 店。

（2）客户需求：安迪 4S 店是一家集汽车销售、零配件销售、维修养护与信息反馈为一体的汽车 4S 连锁店，以优质的汽车产品和严谨的服务态度闻名于世。这里需要制作汽车宣传广告，要求以简洁直观的表现手法体现出产品的技术与特色。

（3）设计要求如下。

① 要求使用深色的背景营造出宁静的氛围，起到衬托的作用。

② 宣传主体要醒目，能合理地融入设计，增加画面的整体感和空间感。

③ 文字设计要醒目，能起到均衡画面的效果。

④ 整个设计简洁直观，并体现出品质感。

⑤ 设计规格为 1280（水平）×720（垂直），25.00 帧 / 秒，方形像素 (1.0)。

2．案例创意及展示

（1）设计素材。

【图片素材所在位置】Ch09/ 汽车宣传广告 / 素材 /01~08。

（2）效果展示。

【**效果文件所在位置**】Ch09/ 汽车宣传广告 / 汽车宣传广告 .prproj，具体效果如图 9-235 所示。

图 9-235

（3）技术要点。

　　使用"导入"命令导入素材文件，使用"效果控件"面板编辑视频文件并制作动画，使用"效果"面板添加素材文件之间的过渡特效，使用"添加轨道"命令添加新轨道。